KREATIVE HANDARBEITEN

KREUZSTICH

Über 40 kreative Projekte und 100 Vorlagen

Titel der Originalausgabe: Cross stitch
Übertragung aus dem Englischen: Monika Harand-Krumbach
Lektorat: Anja Silvia Frank

KREATIVE HANDARBEITEN

KREUZSTICH

Über 40 kreative Projekte und 100 Vorlagen

KARL MÜLLER VERLAG

Inhalt

Achtung: Die in diesem Buch angegebenen Farbnummern beziehen sich ausschließlich auf DMC-Garne.
Alternativ dazu können Sie auch Anchor-Garne verwenden.

7786
7153

Material

Der Kreuzstich ist eine einfache Sticktechnik und erfordert kaum Übung. Man gewöhnt sich schnell an das gleichmäßige Arbeiten und die vielen nebeneinander verlaufenden bunten Fäden. Wenn Sie Linkshänder sind, arbeiten Sie die Muster leichter nach, indem Sie das Buch vor einen Spiegel stellen und das „Spiegelbild" als Vorlage verwenden. Verarbeiten Sie nur erstklassiges Material, damit Ihre Stücke möglichst lange halten und sich gut waschen lassen.

STOFF

Grob gewebte Stoffe mit abzählbaren Fäden ermöglichen ein genaues Nacharbeiten. Die Anzahl der Fäden pro cm ist immer gleich. Stickstoffe gibt es in mehreren Stärken und Ausführungen. Für die meisten Objekte in diesem Buch wurde der sog. Aidastoff verwendet. Am beliebtesten sind die Stärken von vier bzw. sechs Fäden pro cm. Auch leinenbindige Stoffe sind ideal zum Besticken. Perforiertes Papier und Plastikvlies sind neuartige Materialien zum Besticken. Sie eignen sich besonders gut für den Kreuzstich. Das Papier hat etwa sechs „Fäden" pro cm. Plastikvlies wird in verschiedenen Größen angeboten und kann auf passendes Format zugeschnitten werden, muß allerdings immer vollständig bestickt werden.

STICKGARN

Alle Projekte in diesem Buch mit Ausnahme der drei Dekorationen auf S. 60 und des Blumenmusters auf S. 84 sind in Baumwoll-Stickgarn (Sticktwist) ausgeführt. Es besteht aus je vier oder sechs leicht verdrillten Fäden. Es läßt sich nach Bedarf in weniger Fäden spalten, wenn man feinere Stickereien ausführt. Der Sticktwist wird auf etwa 40 cm lange Fäden zurechtgeschnitten. Zu lange Fäden würden sich beim Sticken verheddern.

STICKNADELN

Sticknadeln werden in vielen Stärken angeboten. Hohe Nummern (22, 24, 26 etc.) bedeuten dünne Nadeln, niedrige dicke. Verwenden Sie an der Spitze abgestumpfte Sticknadeln in mittleren Stärken, die leicht durch den Stoff gleiten. Zum Besticken fester, feiner Stoffe werden auch Sticknadeln mit Spitze angeboten. Sie ähneln sehr stark den Nähnadeln.

STICKRAHMEN

Spannen Sie – außer bei winzigen Stoffstücken – die Unterlage immer in einen Stickrahmen ein, sei er nun rund (Stickring) oder rechteckig. Er erleichtert das exakte Arbeiten enorm.

Technik

Beim Sticken wird das Fadenende niemals durch einen Knoten gesichert. Lassen Sie es statt dessen beim ersten Stich etwa 5 cm lang herabhängen und vernähen Sie es nach Fertigstellung der Stickerei auf der Rückseite. Das Ende des verstickten Fadens vernähen Sie dagegen gleich, indem Sie es ebenfalls auf der Rückseite unter mehreren Stichen durchschieben.

Jedes Kästchen auf den Mustertafeln entspricht einem kompletten (ganzen) Kreuzstich. Die geraden Linien repräsentieren gerade Stiche (Holbeinstiche). Bei jeder Anleitung finden Sie genaue Angaben zum verwendeten Stoff, Farbmuster sowie Mengenangaben für das Stickgarn.

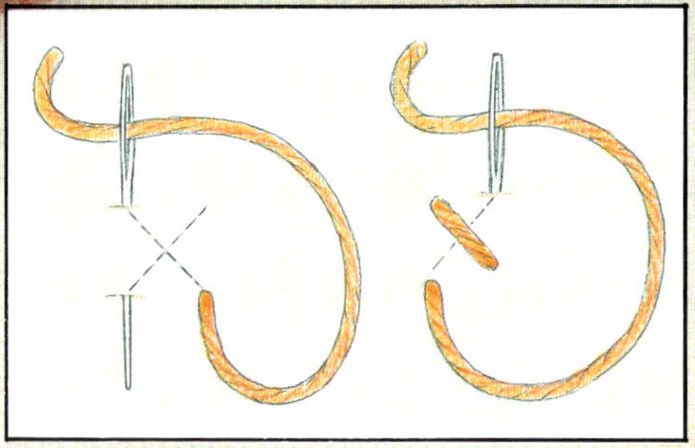

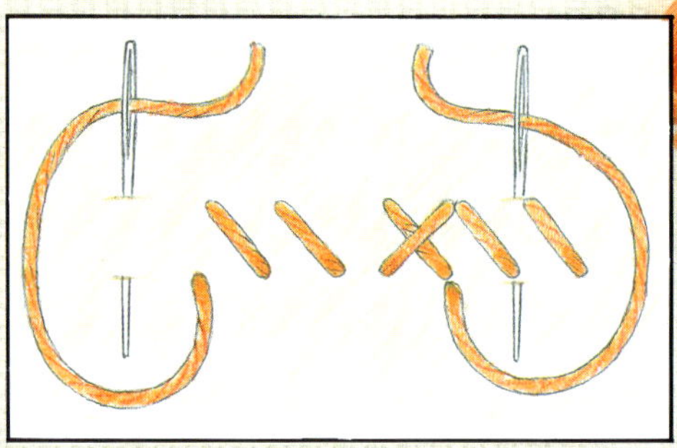

KREUZSTICH

Methode 1: Die erste Zeichnung zeigt, wie jeder Kreuzstich einzeln ausgeführt wird: Auf den Grundstich von rechts unten nach links oben folgt der gegengleiche Deckstich. Ein Stich wird jeweils beendet, bevor der nächste ansetzt. Arbeiten Sie kleine Details und einzelne Stiche auf diese Art.

Methode 2: Größere gleichfarbige Flächen werden rationalisiert gestickt. Arbeiten Sie zunächst die ganze Reihe Grundstiche von rechts nach links, anschließend auf dem Weg zurück die Deckstiche.

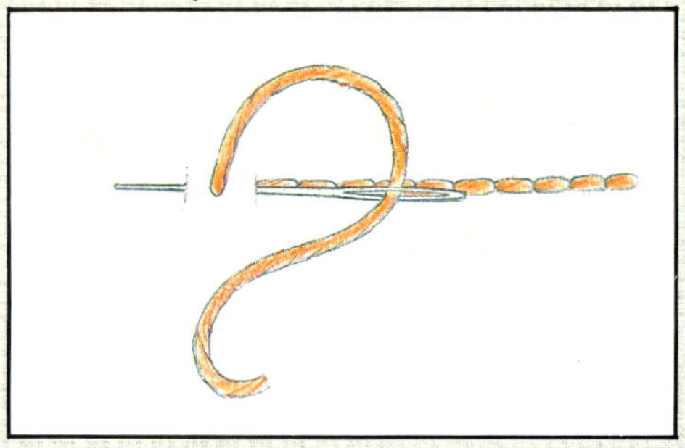

STRICHSTICH

Auch dieser Stich wird von rechts nach links gearbeitet – wie auf der Zeichnung. Die einzelnen Stiche sind gleich groß. Ihre Länge entspricht normalerweise der Seitenlänge eines Kreuzstiches.

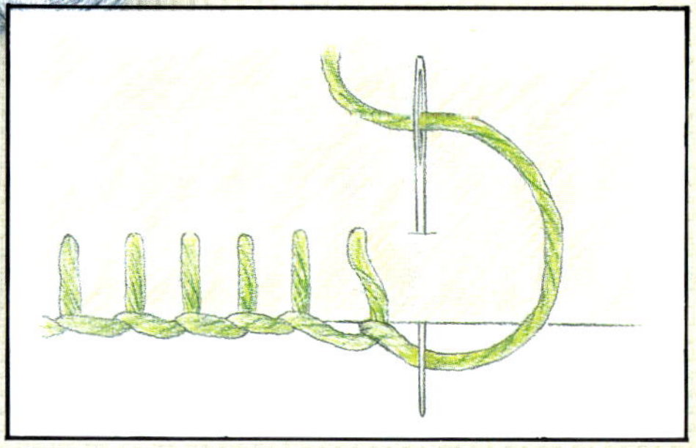

KNOPFLOCHSTICH

Arbeiten Sie von links nach rechts. Die Nadel wird – wie auf der Zeichnung – jeweils von vorne durch den Stoff und anschließend an der Kante durch die Schlinge des vorherigen Stiches wieder nach vorne geführt. Achten Sie auf gleichmäßige Abstände zwischen den einzelnen Stichen.

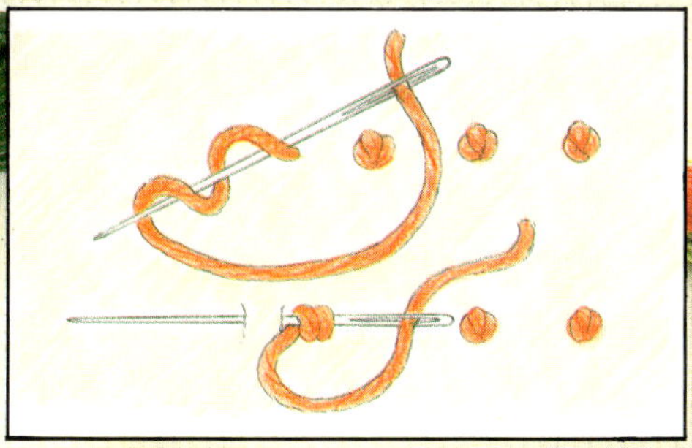

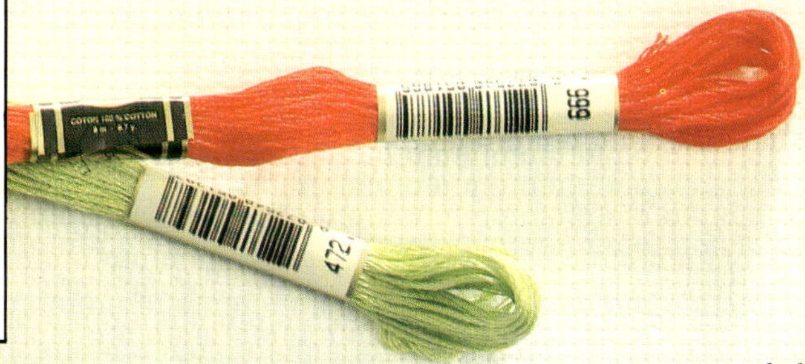

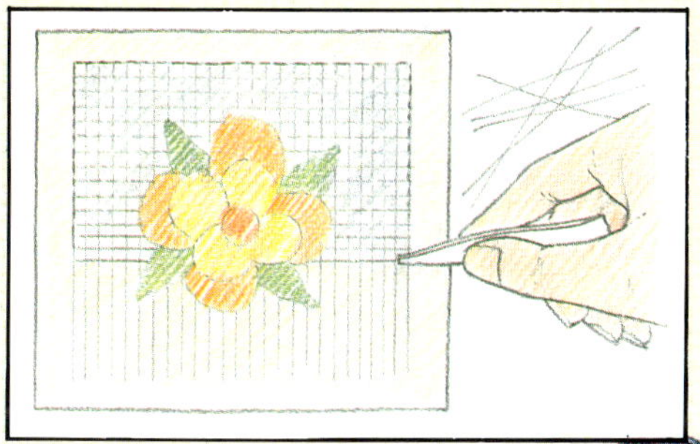

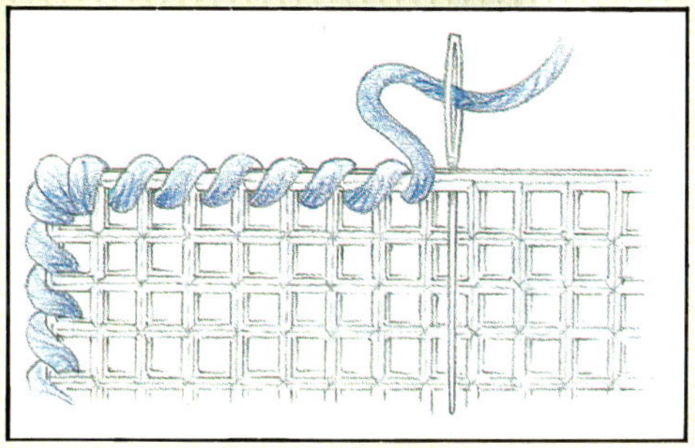

SCHLINGSTICH

Legen Sie zwei Stücke Synthetikstoff mit den Rückseiten aufeinander, so daß die Löcher genau übereinander liegen. Umsticken Sie die Kanten wie in der Zeichnung gezeigt. Das Eckloch erhält jeweils drei Stiche.

STICKRAHMEN

Umwickeln Sie den inneren Ring des Rahmens mit dünnem Baumwollband, damit sich der Stoff beim Sticken nicht verzieht und ausbeult. Feiner Stoff reißt dann auch nicht so schnell. Lösen Sie die Schraube des äußeren Ringes. Breiten Sie den Stoff mit der Oberseite nach oben über den kleineren Ring. Der größere Ring wird nun darüber gespannt. Ziehen Sie den Stoff gleichmäßig fest und drehen Sie die Schraube zu.
Wenn Sie einen rechteckigen, einteiligen Rahmen benutzen, festigen Sie die Kanten des Stoffstückes zunächst mit Klebeband (Kreppband). Stecken Sie den Stoff mit Heftzwecken an den Rahmen. Er sollte zum Arbeiten gleichmäßig gespannt sein.

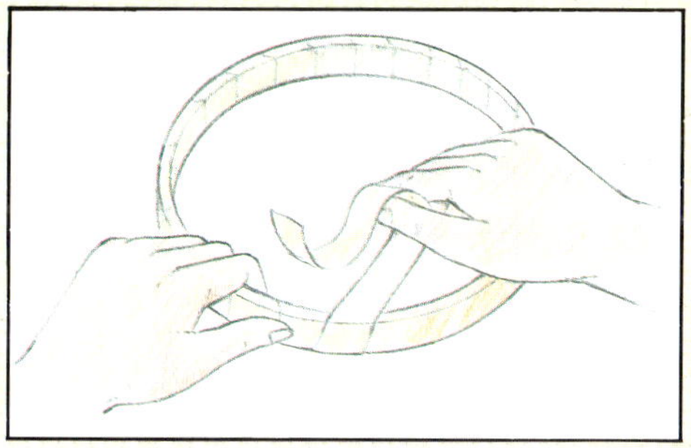

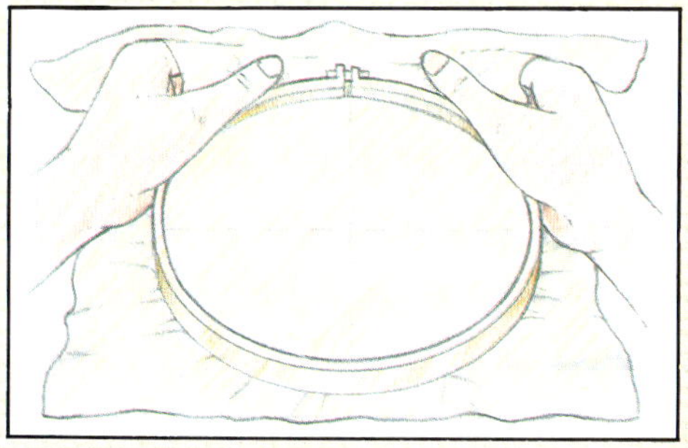

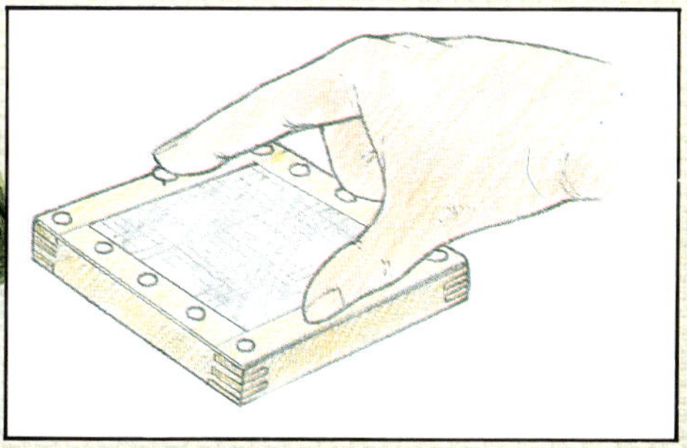

KNÖTCHENSTICH

Oben: Faden nach oben durch den Stoff ziehen und festhalten. Faden zweimal um die Nadel schlingen, festhalten. Nadel nun von vorne nach hinten durch den Stoff führen und festziehen.

DOPPELTER STOFF

Schritt 1: Ein passendes Stück groben Stoff (Canevas) zurechtschneiden und auf die Unterlage heften. Muster aufsticken.

Schritt 2: Canevas anfeuchten und die Stoffäden einzeln mit einer Pinzette herausziehen.

Kleine Schätze

Ein selbstgemachtes Geschenk kommt immer gut an. Überraschen Sie liebe Freunde und Familienmitglieder mit kleinen Gegenständen, die durch ein paar Kreuzstiche reizend verziert sind.

Arbeiten Sie die Ideen auf den nächsten Seiten nach, oder lassen Sie sich davon zu eigenen Entwürfen inspirieren. Die Muster sind schnell ausgeführt.

Schmuckdöschen

MATERIAL

2 Stücke 15 x 15 cm und 1 Stück 20 x 20 cm weißer Aidastoff (4 Gewebebündel auf 1 cm)

Je 1 Strang DMC-Sticktwist in: Weiß, Zitronengelb 307, Hellavendel 341, Rot 606, Mittelgrasgrün 703, Dunkelrost 918, Hellresedagrün 959, Kräftigorange 972, Blau 995, Blau 3807 (das Weiß kann nach Belieben auch wegbleiben).

Sticknadel Größe 26

Kleiner Stickrahmen

Heftgarn, Nähnadel

Versilberte Döschen mit Einsatz für Stickerei (Bastel- bzw. Handarbeitsgeschäft): 2 x mit einer Stofffläche von 7 cm, 1 x mit 9 cm Durchmesser

Schwarzer Filzstift mit dünner Spitze

FARBTABELLE FÜR DIE MOTTE

DUNKELROST	HELLAVENDEL	HELLZYANBLAU	HELLRESEDAGRÜN	KRÄFTIGORANGE
918	341	996	959	972
918		995		

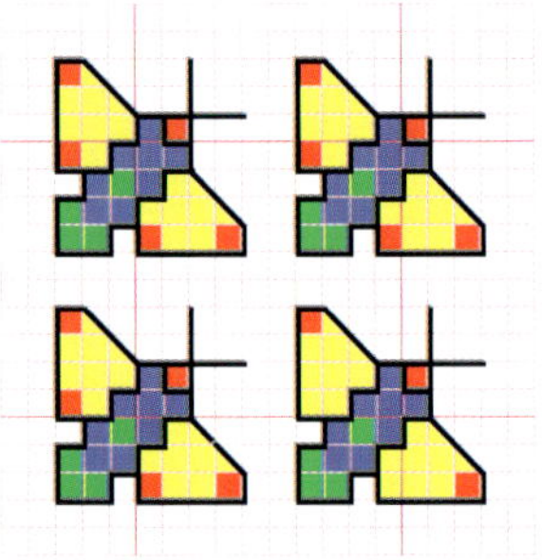

SCHMETTERLINGE

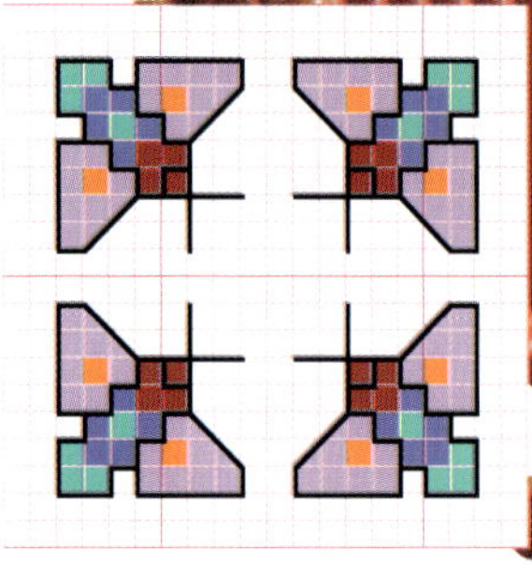

MOTTEN

HUMMELN

FARBTABELLE FÜR DIE HUMMELN

WEISS	DUNKEL-ROST	KRÄFTIG-ORANGE
	918	972
	918	

Silberne Döschen, in deren Deckel man den Stoff einspannen kann, gibt es fertig zu kaufen. Besticken Sie diese mit fröhlichen bunten Insekten. Die Döschen passen auf den Frisiertisch. In ihnen lassen sich kleine Schmuckstücke sicher aufbewahren.

FARBTABELLE FÜR DIE SCHMETTERLINGE

ROT	ZITRONENGELB	BLAU	MITTELGRASGRÜN
606	307	3807	703
606		995	

VORBEREITUNGEN

1. Legen Sie die Stoffstücke auf eine glatte Fläche und plazieren Sie die Kunststoffscheiben für die Deckel auf den Stoffstücken. Die große Scheibe kommt auf das große Stoffstück.

2. Markieren Sie den äußeren Rand der Kunststoffscheiben mit dem Filzstift direkt auf dem Stoff.

3. Heften Sie mit Heftfaden ein Kreuz, dessen Mittelpunkt genau in der Stoffmitte liegt. Dieser Punkt entspricht der späteren Mitte des Musters.

4. Markieren Sie die Mitte jeder Vorlage mit einem weichen Bleistift.

STICKEN

Spannen Sie den Stoff in den Stickrahmen ein (S. 13). Arbeiten Sie – von der Mitte ausgehend – die Kreuzstiche (S. 12) nach. Das Stickgarn ist in 3 Fäden gespalten.

Jedes bunte Kästchen auf den Vorlagen bedeutet einen kompletten Kreuzstich über ein Stoffquadrat. Die diagonalen Linien werden mit einem „halben" Kreuzstich gestickt. Wenn alle Kreuzstiche fertig sind, arbeiten Sie die geraden Stiche (S. 12) nach. Auch diese werden mit in 3 Fäden gespaltenem Garn gestickt.

FERTIGSTELLUNG

1. Bügeln Sie die fertigen Deckchen von der Rückseite aus mit einem lauwarmen Bügeleisen. Pressen Sie die Stiche dabei leicht platt. Lassen Sie das Gewebe abkühlen.

2. Schneiden Sie den Stoff entlang der Filzstift-Markierung aus und befestigen Sie ihn nach den Hersteller-Anweisungen im Metallring des Dosendeckels. Darauf achten, daß das Muster genau in der Mitte liegt!

Broschen-Kissen

MATERIAL

2 Stücke je 25 x 25 cm naturweißer Aidastoff (4 Gewebebündel auf 1 cm)

Je 1 Strang DMC-Sticktwist in: Rot 550, Mittelgrasgrün 703, Blau 799, Grün 911, Gelb 973, Zartjägergrün 3348, Erika 3608, Rosa 3708, Lavendel 3746

Sticknadel Größe 26

Stickrahmen, rund oder rechteckig

Dunkles Heftgarn

Nähgarn

4 Quasten in Dunkelgrün, je etwa 8 cm lang

Füllmaterial (am besten weißes Stopfmaterial für Teddybären)

1 Stricknadel

BROSCHEN-KISSEN

FARBTABELLE FÜR DAS KISSEN

GELB	BLAU	ROSA	GRÜN	ZARTJÄGERGRÜN
973	799	3708	911	3348

MITTELGRAS-GRÜN	ROT	LAVENDEL	ERIKA
703	550	3746	3608

STICKEN

Falten Sie den Stoff zweimal zusammen und markieren Sie mit ein paar Heftstichen die Mitte. Markieren Sie den Mittelpunkt des Musters mit einem weichen Bleistift. Spannen Sie den Stoff gleichmäßig in den Stickrahmen ein (S. 134). Spalten Sie das Garn in jeweils 3 Fäden, damit es nicht zu dick ist. Arbeiten Sie das Muster in Kreuzstichen nach. Sie beginnen in der Mitte. Jedes Kästchen auf der Vorlage entspricht einem vollständigen Kreuzstich.

Das Muster bildet einen altmodischen formal gestalteten Garten mit grünen Hecken und bunten Kräutern nach. Versäubern Sie die Kanten mit fertig gekauftem Band und Quasten oder mit Rüschenband.

Geometrische Kissenmuster/Vorlagen

FERTIGSTELLUNG

1. *Bügeln Sie über die fertige Stickerei. Schneiden Sie den überflüssigen Stoff weg, so daß ein unbestickter Rand von 2,5 cm Breite verbleibt. Schneiden Sie das unbestickte Stoffstück auf dieselbe Größe zurecht.*

2. *Heften Sie die Versäuberung (das grüne Band) um die Vorderseite des Kissens. Die rauhe Kante der Versäuberung liegt dabei auf der Schnittkante des Stoffes. Legen Sie die Quasten mit der Schlinge auf die Ecken.*

3. *Legen Sie das zweite Stoffstück darüber, so daß die Oberseiten beider Stoffstücke aufeinanderliegen. Heften Sie beide am Rand zusammen. Nähen Sie mit der Maschine nach. Zum Wenden lassen Sie eine 10 cm breite Öffnung.*

4. *Kanten sauber abschneiden, das Ganze verstürzen, bügeln und füllen. Mit der Stricknadel wird die Füllung auch in die Ecken gestopft. Die Öffnung mit Hexenstichen zunähen.*

BORDÜRE FÜR DEN RAND

oben:
Die Bordüre kann ebenfalls als Umrahmung benutzt werden.

rechts:
Leuchtende Farben machen das kleinere Kissen noch attraktiver.

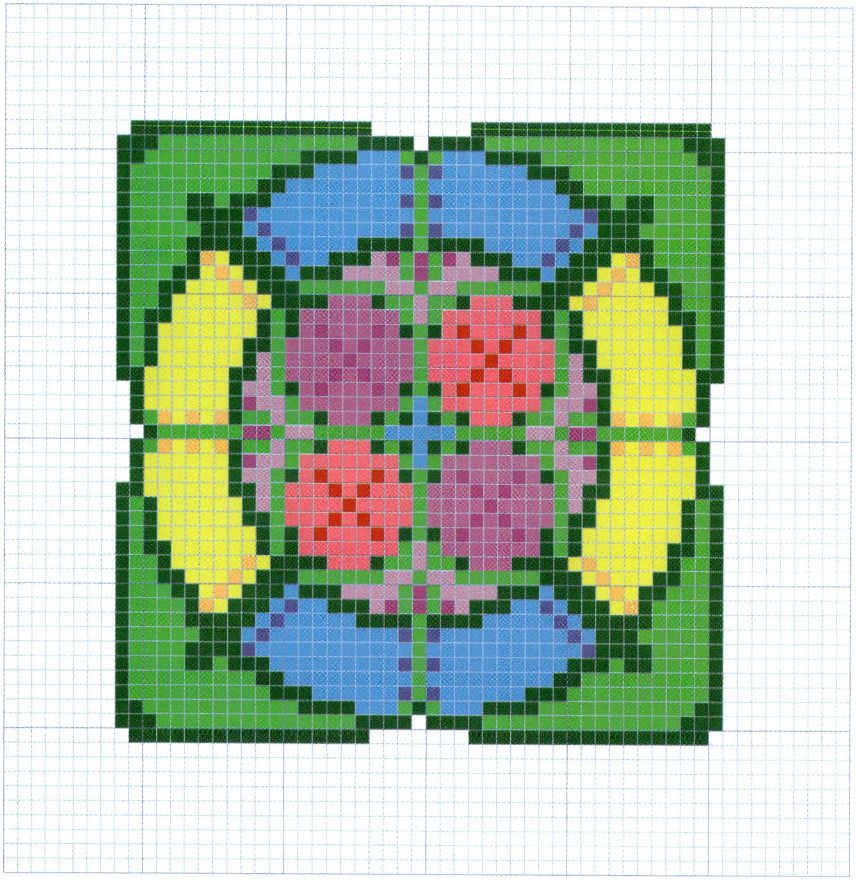

BUNTER BLUMENGARTEN

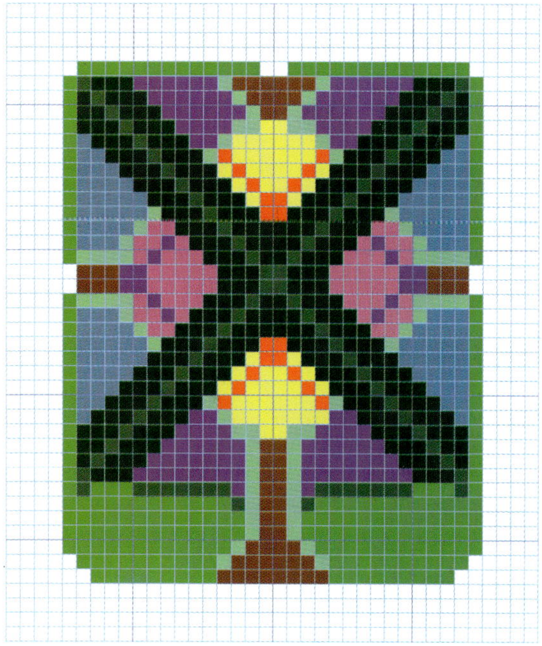

BLUMENBEETE

Hier sehen Sie eine weitere Vorlage für ein altmodisches Garten-Motiv. Die Farben sind kräftiger und in größeren Flächen angeordnet.

ALTMODISCHES GARTENMOTIV

Kräutersäckchen

MATERIAL

Kleine Stückchen naturweißer Aidastoff (4 Gewebebündel auf 1 cm), groß genug für den kleinen Stickrahmen

Je 1 Strang DMC-Sticktwist in: Hellila 340, Erika 3608, Tannengrün 3808, Grün 3818, Grün 3816, Grün 3815

Sticknadel Größe 26

Kleiner Stickrahmen

Dunkles Heftgarn

Nähgarn

Steck- und Nähnadeln

6 Stücke karierter Leinenstoff, möglichst mit Webkante an einer Seite

Grünes Seidenband, 1 cm breit

Haftvlies (Vliesofix)

Stricknadel

Getrocknete Küchenkräuter

Trocknen Sie frische Kräuter an einer luftigen Stelle. Heben Sie sie in den hübsch bestickten Leinensäckchen auf.

FARBTABELLE FÜR THYMIAN

GELBGRÜN	ERIKA	GRÜN
704	3608	3808

THYMIAN

SALBEI

ROSMARIN

FARBTABELLE FÜR SALBEI

GRÜN	GRÜN	TANNENGRÜN
3816	3818	3808

FARBTABELLE FÜR ROSMARIN

GRÜN	HELLILA	TANNENGRÜN
3815	340	3808

VORBEREITUNGEN

1. *Für jedes Säckchen brauchen Sie 1 Stück Aidastoff und 2 Stückchen Leinenstoff. Heften Sie zunächst ein Rechteck in der Größe des Kräutermotivs auf den weißen Stoff. Lassen Sie rundum einen Rand von 12 Gewebebündeln frei (Wenn sie keinen Strickrahmen benutzen, genügt ein Rand von 6 Gewebebündeln).*

2. *Markieren Sie den Mittelpunkt des Stoffs mit Heftstichen und den Mittelpunkt der Stickvorlage mit einem weichen Bleistift.*

STICKEN

Spannen Sie den Stoff in den Rahmen (S. 13). Arbeiten Sie die Motive mit in 3 Fäden gespaltenem Stickgarn nach. Beginnen Sie in der Mitte. Jedes Kästchen auf der Vorlage entspricht einem ganzen Kreuzstich. Anschließend sticken Sie die Umrahmung und die lateinischen Namen in geraden Stichen.

FERTIGSTELLUNG

1. *Bügeln Sie die Stickerei vorsichtig von der Rückseite. Bügeln Sie ein Stück Vliesofix von hinten auf. Reste wegschneiden. Rund um den Aidastoff bleiben 6 unbestickte Gewebebündel stehen.*

2. *Ziehen Sie das Schutzpapier vom Vliesofix, plazieren Sie das Deckchen auf dem Leinen. Bügeln Sie es auf. Ziehen Sie mit der Stricknadel die äußerste Fadenreihe vom Aidastoff, so daß kleine Fransen entstehen.*

3. *Legen Sie je ein unbeklebtes und ein verziertes Stück Leinen mit den Oberseiten aufeinander. Umnähen Sie es mit der Maschine. Schneiden Sie überflüssigen Stoff weg, verstürzen Sie die Säckchen. Die Ecken schieben Sie mit der Stricknadel nach außen.*

4. *Füllen Sie die gebügelten Säckchen mit Kräutern, binden Sie sie mit einer Schleife zu.*

Sonne, Mond, Sterne

MATERIAL

✥

Blauer Aidastoff, 60 x 60 cm (4 Gewebebündel auf 1 cm); weißer Stoff kann mit Stoffarben (Batikfarben) nach Belieben eingefärbt werden

✥

Je 1 Strang Anchor-Sticktwist in: Blau 127, Blau 133, Gelb 288, Gelb 291, Orange 304

✥

Je 1 Rolle Metallicfaden in: Silber, Gold und Altgold

✥

Sticknadel Größe 26

✥

Kleiner Stickrahmen

✥

Dunkles Heftgarn

✥

Nähnadel

✥

Runde Bilderrahmen (1x mit 10 cm Innendurchmesser, 2x mit 8 cm)

Sonne, Mond und Sterne in glitzernden Gold- und Silberfarben. Die Motive verzieren in abgewandelter Form auch die kleinen Schmuckdöschen auf der nächsten Doppelseite.

✤

Schmuckdöschen mit Einspannvorrichtung für Stoff (Handarbeitsgeschäft bzw. Bastelbedarf):
3 x mit 3,5 cm Innendurchmesser des Deckel-Rahmens, 1x mit 8 cm

✤

Schwarzer Filzstift mit dünner Spitze

VORBEREITUNGEN

1. *Falls Sie weißen Stoff färben wollen, gehen Sie genau nach den Angaben auf dem Farbpulver-Päckchen vor. Vor dem Weiterverarbeiten den gefärbten Stoff gut ausspülen und trocknen lassen.*

2. *Bügeln Sie den Stoff von der Rückseite mit dem heißen Bügeleisen glatt. Legen Sie die Plastikscheiben der Döschen bzw. die Glasscheiben der Bilderrahmen auf den Stoff. Markieren Sie die äußeren Umrandungen mit Filzstift. Nehmen Sie die Scheiben ab.*

3. *Schneiden Sie für jedes Muster ein Stoffquadrat mit mindestens 5 cm Rand außerhalb der markierten Ringe zurecht. Nähen Sie mit dunklem Heftgarn je einmal längs und quer durch die Mitte des Stoffstücks, um den Mittelpunkt zu ermitteln. Markieren Sie mit Bleistift den Mittelpunkt der Stickvorlage.*

FARBTABELLE FÜR SONNE, MOND, STERNE

GELB	GELB	ORANGE	SILBER	GOLD	ALTGOLD
288	291	304	001	002	221
			001	002	221

GROSSE SONNE

KLEINE SONNE

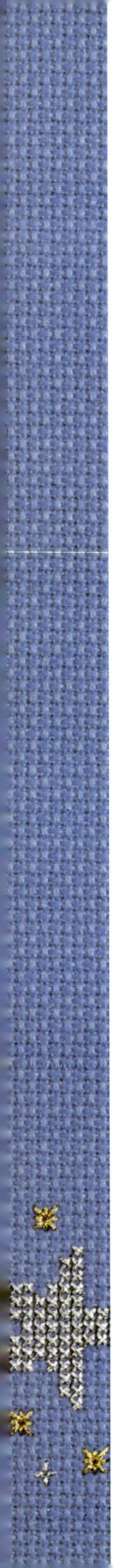

Sonne, Mond, Sterne/Vorlagen

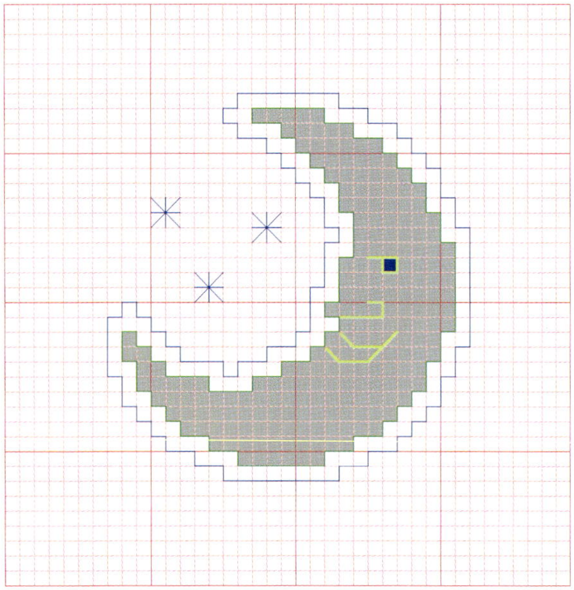

MOND

SONNE UND MOND

STICKEN

Spannen Sie den Stoff in den Stickrahmen ein (S. 13). Sticken Sie die Vorlagen nach – zuerst die Kreuzstiche, dann die einfachen Stiche (S. 12/13). Beginnen Sie jeweils in der Mitte. Verwenden Sie Stickgarn aus nur zwei Fäden und einfachen Metallicfaden. Die Augen der Sonnen (S.25) sind mit Knötchenstichen gestickt.

FERTIGSTELLUNG

1. *Bügeln Sie die fertigen Stickereien von der Rückseite aus, ohne die Stiche zu platt zu drücken.*

2. *Schneiden Sie den bestickten Stoff entlang der markierten Linie aus und befestigen Sie diesen nach Hersteller-Angaben in den Rahmen.*

Die „himmlischen" Muster machen sich auch gut auf Hemdkragen oder einer dunklen Krawatte.

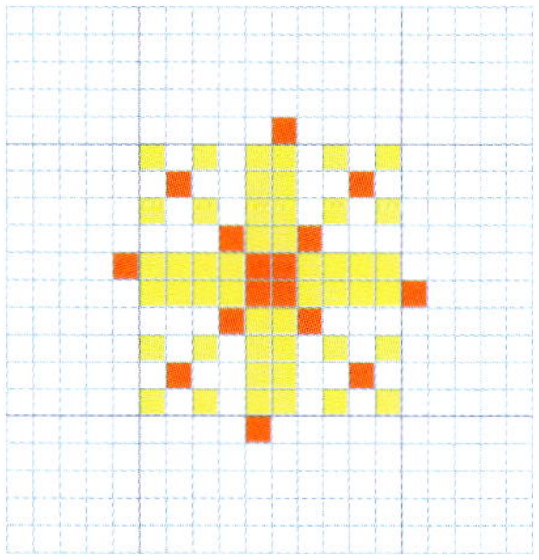

KLEINE SONNE

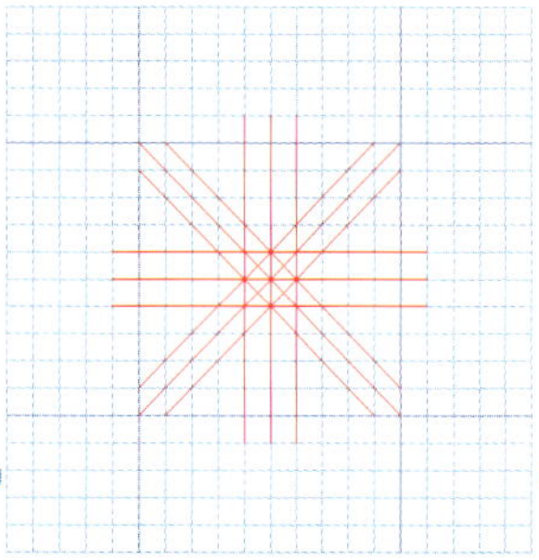

ABENDSTERN

STERNENMUSTER

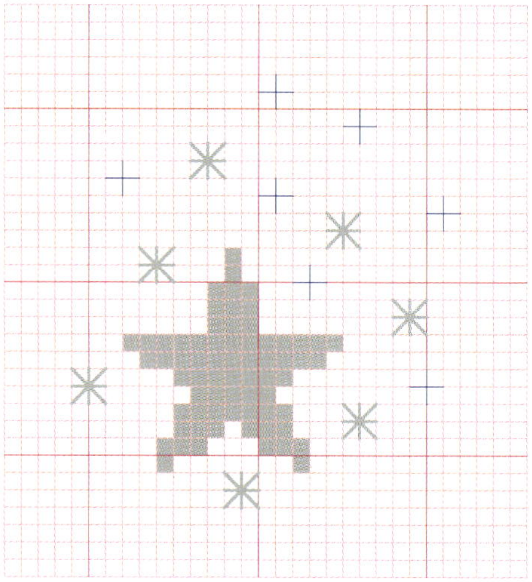

STERNENHIMMEL

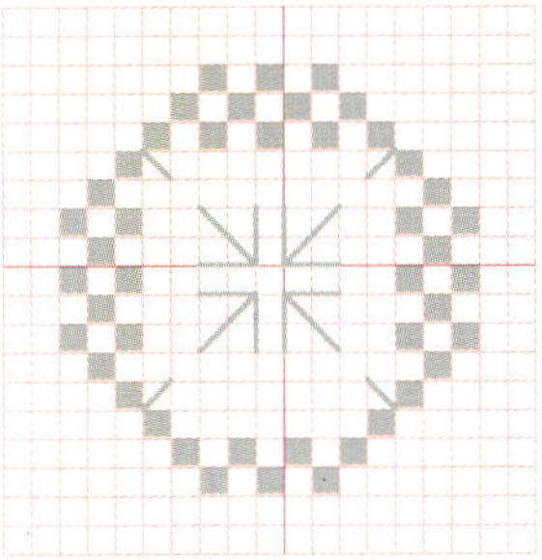

LEUCHTENDER STERN

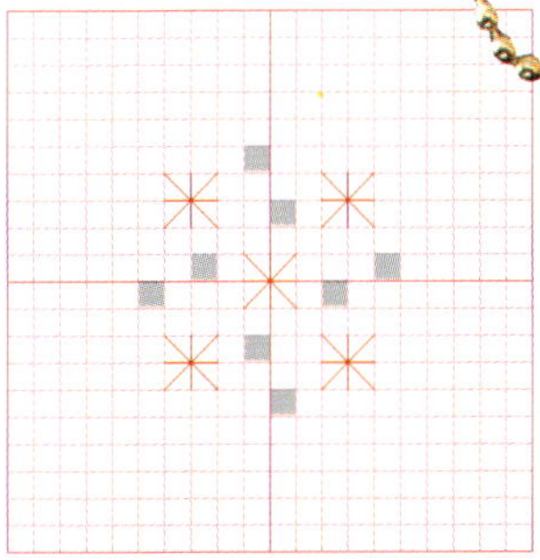

STERNENHIMMEL

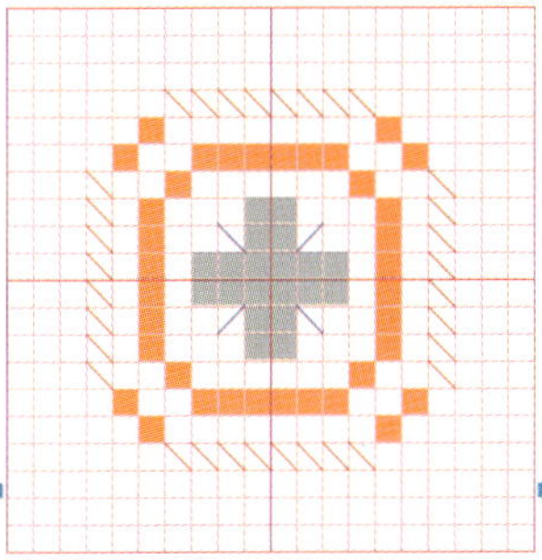

STERNENQUADRAT

Geburtstagskarten

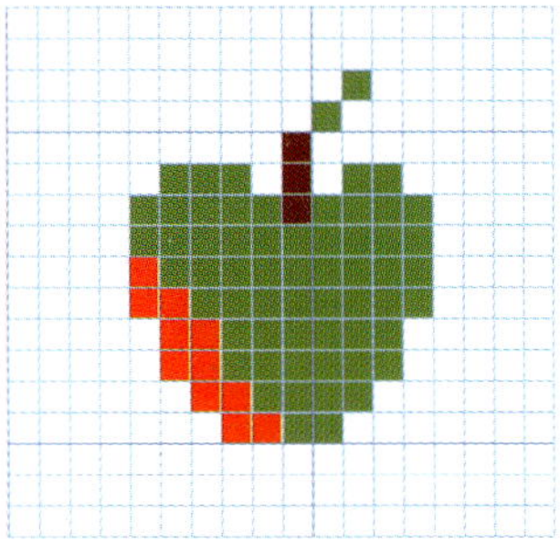

APFEL

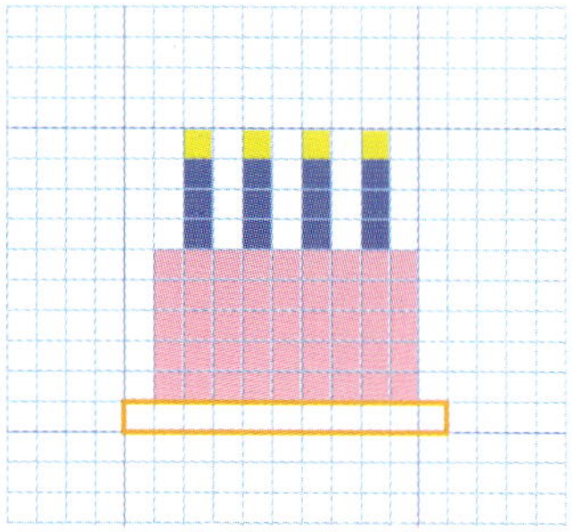

GEBURTSTAGSKUCHEN

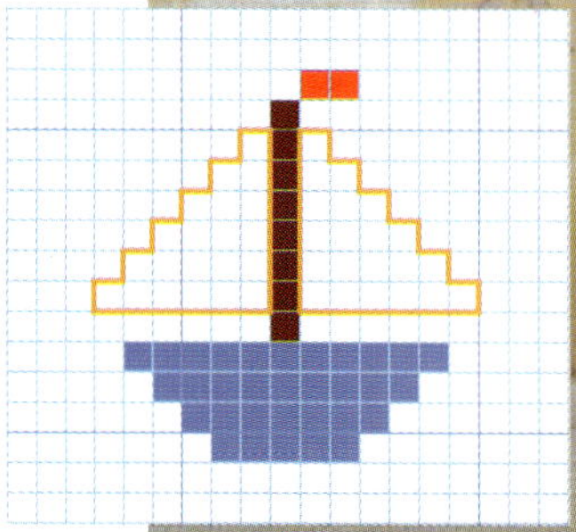

SCHIFF

MATERIAL

Kleine Reststücke von weißem Aidastoff (4 Gewebebündel auf 1 cm), groß genug für den kleinen Stickrahmen

DMC-Sticktwist in: Weiß, Schwarz 310, Grau 414, Gelb 444, Flammendrot 666, Mittelgrasgrün 703, Blau 798, Blau 809, Grün 3689, Zartaltrosa 3689, Kräftighavannabraun 3772, Orange 3821

Sticknadel Größe 24

Stickrahmen

Dunkler Heftfaden

Nähnadel

Vorgefertigte Grußkarten mit Passepartout in Pastellfarben

Schmales und doppelseitiges Klebeband

VORBEREITUNGEN

1. *Übertragen Sie das gewählte Motiv in der gewünschten Anzahl auf Pauspapier.*
Zwischen den einzelnen Motiven sollten jeweils mindestens 2 freie Gewebebündel liegen.
Ziehen Sie ein Rechteck um jedes Motiv und schneiden Sie es aus.

2. *Arrangieren Sie die Motive auf einem Stück Pauspapier, so daß wenigstens ein Kästchen zwischen ihnen liegt.*
Fügen Sie nach Belieben Zahlen oder Buchstaben (S. 30 und S. 68/69) hinzu. Wenn Ihnen die Anordnung gefällt, kleben Sie sie mit Klebeband an.

STICKEN

Falten Sie den Stoff zweimal und markieren Sie die Stoffmitte mit ein paar Heftstichen. Markieren Sie die Mitte der Vorlage mit Bleistift.
Spannen Sie den Stoff in den Stickrahmen (S. 13).
Das Stickgarn spalten Sie in jeweils 3 Fäden. Arbeiten Sie zunächst die Kreuzstiche nach. Beginnen Sie in der Mitte.
Jedes Kästchen der Vorlage entspricht einem ganzen Kreuzstich. Stellen Sie die Motive mit einfachen Stichen (S. 12) fertig. Auch hier wieder in jeweils 3 Fäden gespaltenes Garn verwenden.

BLUME

KIRSCHBAUM

FARBTABELLE FÜR DIE GEBURTSTAGSKARTEN

GRAU	WEISS	SCHWARZ	GELB	BLAU
414		310	444	809
414		310		

BLAU	KRÄFTIGHAVANNABRAUN	ORANGE	FLAMMENDROT	MITTELGRASGRÜN
798	3772	3821	666	703

GRÜN	ZARTALTROSA
3348	3689

Die hier gezeigten Kindermotive lassen sich mit Zahlen und Buchstaben (S. 30) kombinieren und ergeben individuelle Geburtstagskarten. Auch Kinderkleidung kann wunderbar mit diesen Motiven bestickt werden.

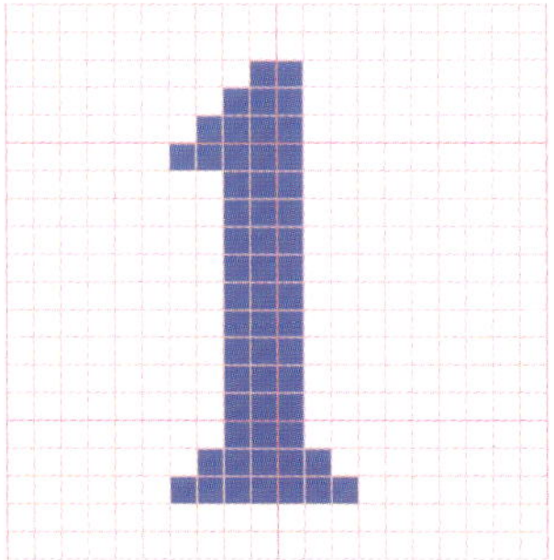
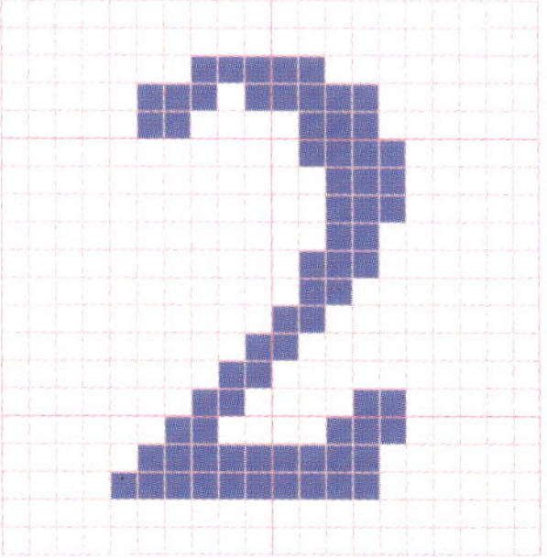
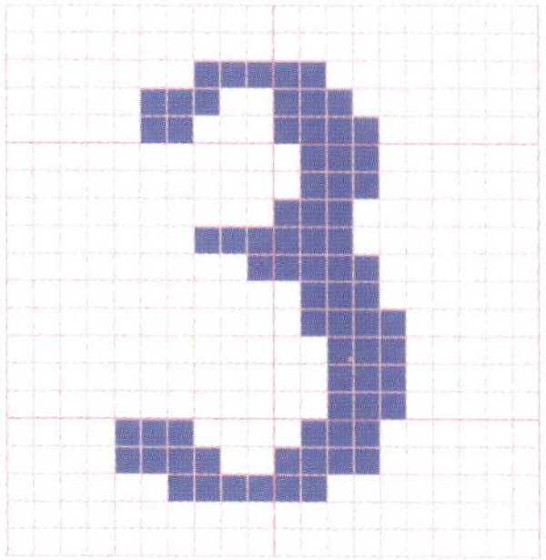
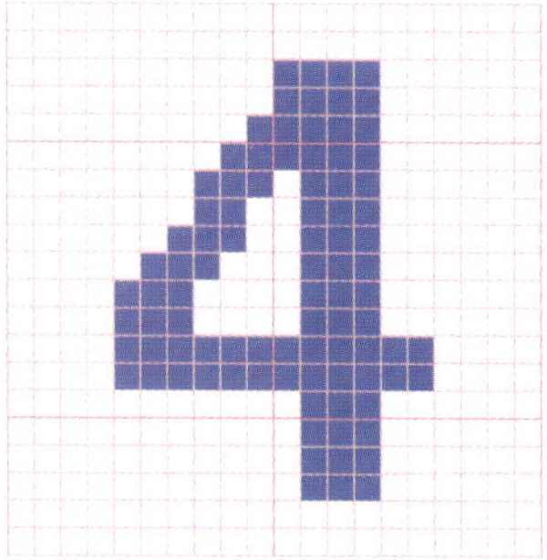
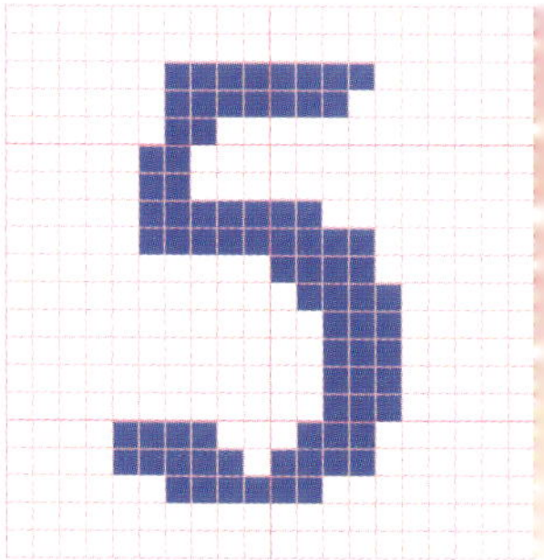

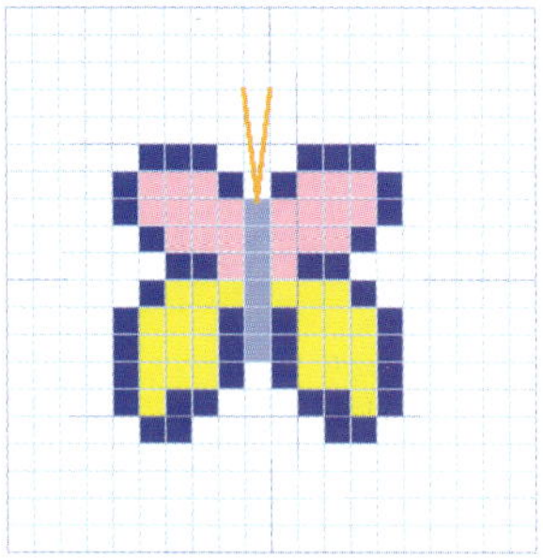
SCHMETTERLING

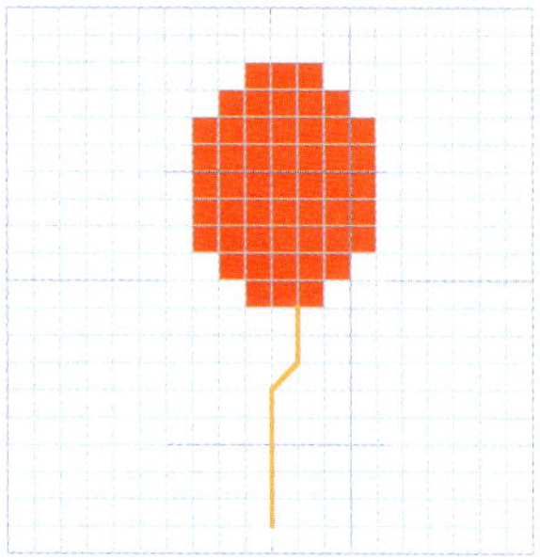
ROTER LUFTBALLON

Für die Karten eignen sich kleinere Motive wie die hier gezeigten. Sie können aber zum Beispiel auch die Fische von S. 42 wählen.

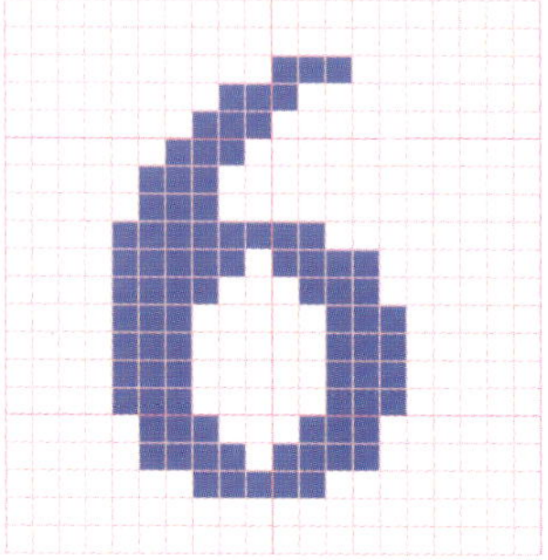
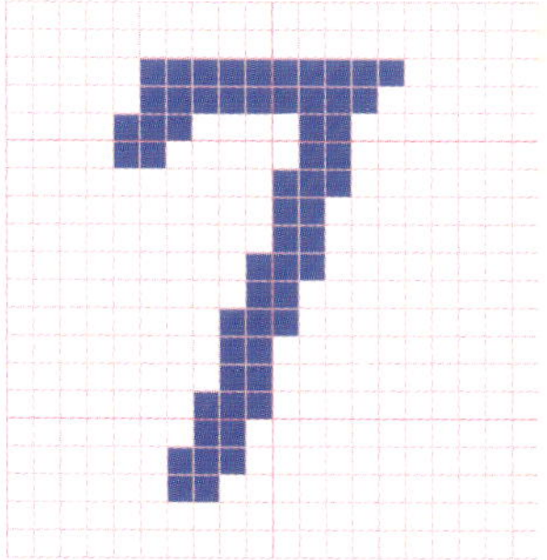

EIS

MARIENKÄFER

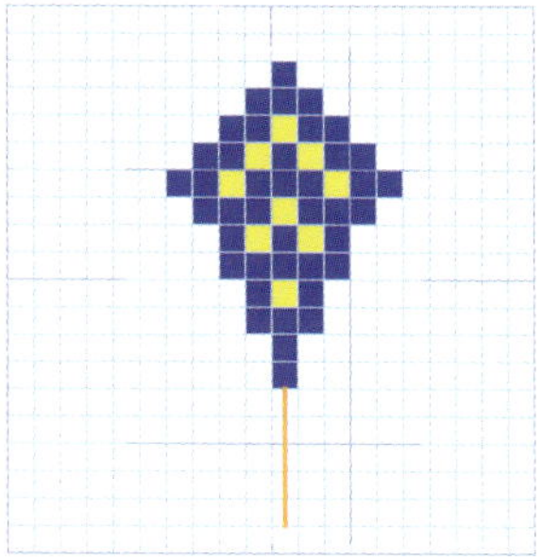
DRACHEN

Alphabete und Zahlen kommen in Kreuzstich immer gut heraus. Versehen Sie persönliche Stücke mit kleinen Initialen.

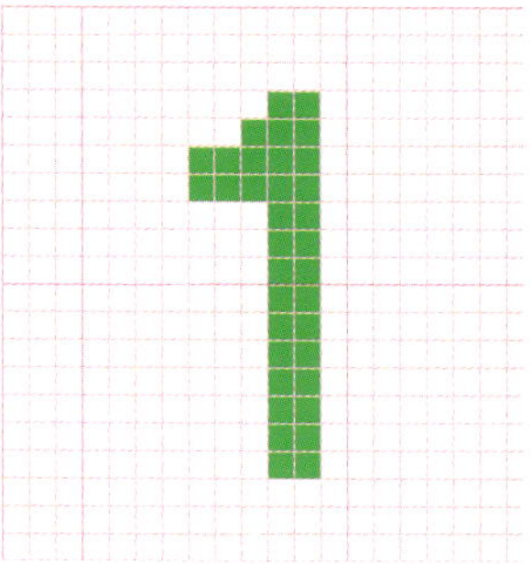

Fertigstellung der Karten

1. *Die Stickerei sollte gut in den Ausschnitt der Karte passen. Bastelgeschäfte bieten meist eine gute Auswahl an Karten mit Passepartout an.*

2. *Umkleben Sie den Ausschnitt auf der Karteninnenseite mit doppelseitigem Klebeband. Ziehen Sie das Schutzpapier vom Klebeband.*

3. *Legen Sie den Stoff mit der bestickten Seite nach oben auf den Tisch und passen Sie ihn in das Passepartout ein.*

4. *Drücken Sie den Stoff fest und schneiden Sie die Ränder zurecht. Kleben Sie ebenfalls mit doppelseitigem Klebeband den losen Papierbogen über die Stickerei-Rückseite, so daß die Karte auch innen versäubert ist.*

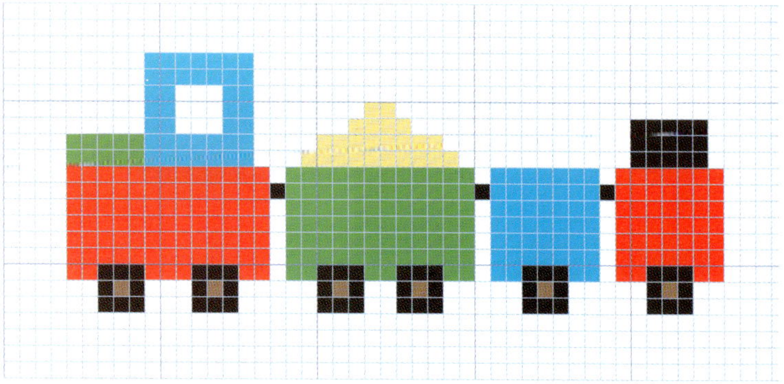
EISENBAHN

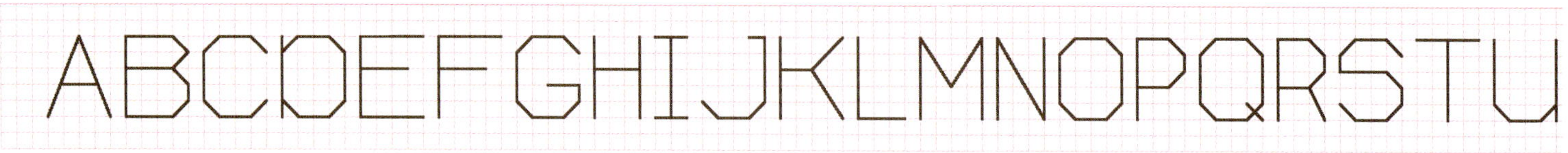

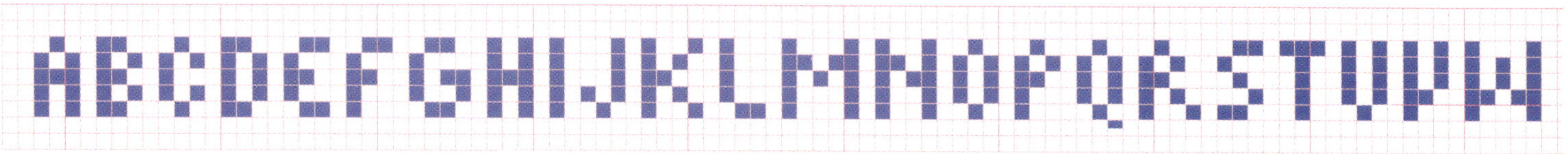

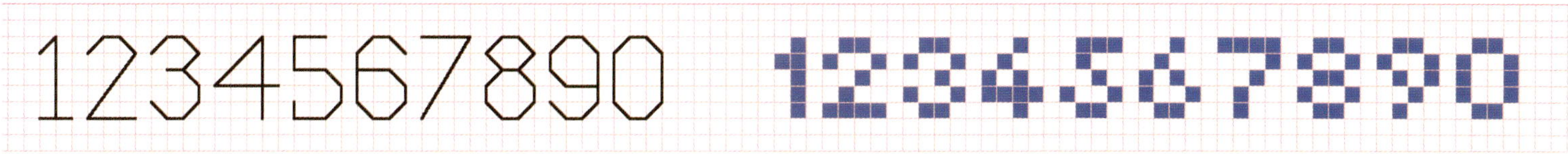

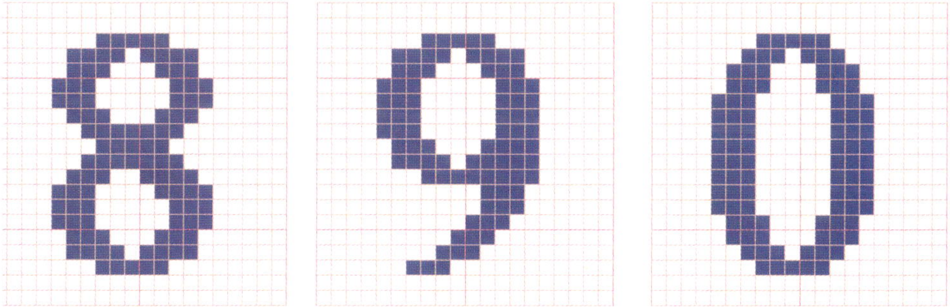

BLUMENFRIES

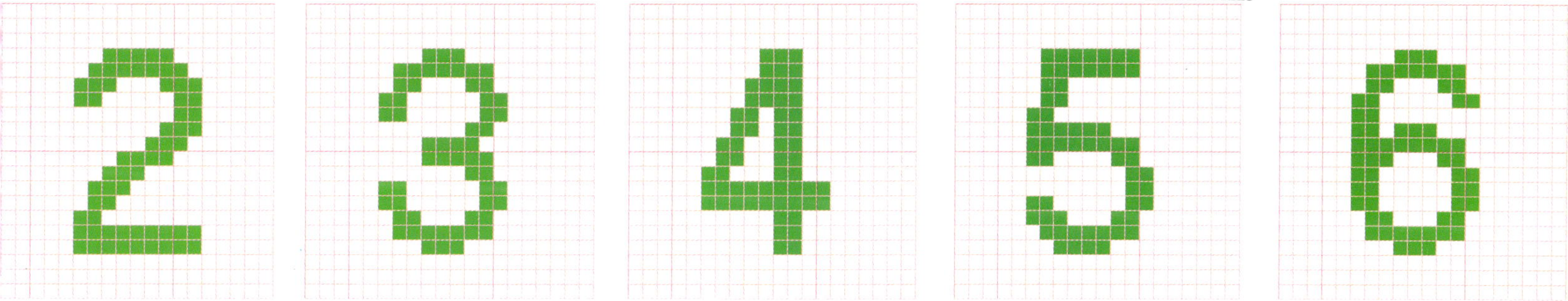

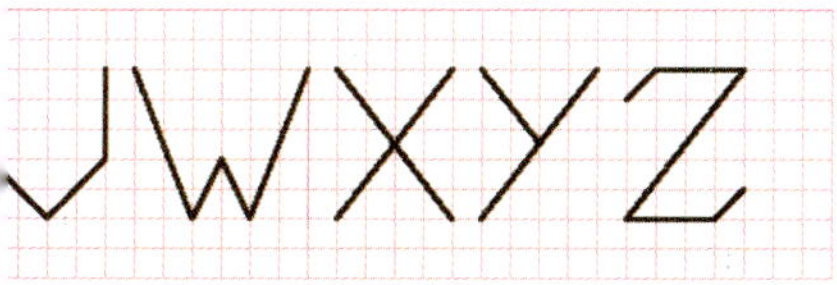

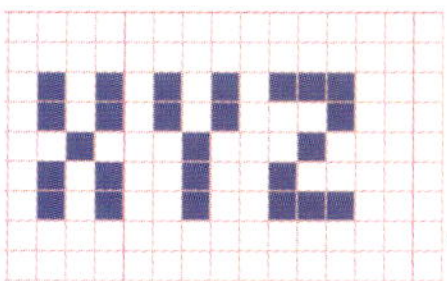

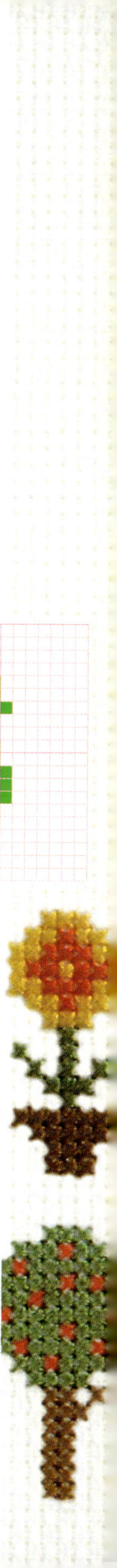

Hochzeitserinnerungen

MATERIAL

Je 1 Strang DMC-Sticktwist in: Lavendel 333, Hellila 340, Hellavendel 341, Hellpink 604, Rosa 948, Graugrün 3816

Sticknadel Größe 26

Heftgarn, Nähnadel

Stickrahmen

Für das Bild:
Weißer Aidastoff, 25 x 30 cm (6 Gewebebündel auf 1 cm); für längere Namen ist ein größeres Stoffstück oder ein anderes Design nötig

Hölzerner Bilderrahmen, ca. 16 x 17 cm Innenmaße

Steifer weißer Karton und Papprücken für das Bild

Häkelgarn

Große Nadel mit großem Öhr

Stecknadeln mit Glaskopf

Gummiertes Papier

Pauspapier und Bleistift

Für das Kissen:
Weißer Aidastoff, 20 x 20 cm (6 Gewebebündel auf 1 cm)

Weißer Filz, 20 x 20 cm

Wattierung, 11 x 11 cm

50 cm rosa Seidenband

60 cm Spitze für den Rand

Passendes Nähgarn, Stecknadeln

RINGKISSEN

FARBTABELLE FÜR DAS RING-KISSEN

LAVENDEL	HELLILA	HELLPINK	GRAUGRÜN	ROSA
341	340	604	3816	948
341		604		
333	LAVENDEL			

VORBEREITUNGEN

1. *Skizzieren Sie nach den Vorlagen auf S. 68/69 die gewünschten Namen und das Datum auf Pauspapier. Ein Gewebebündel bleibt jeweils zwischen den Buchstaben frei.*

2. *Plazieren Sie die Vorlage auf dem Stoff. Längere Namen können auch untereinander stehen. Dann sollten die Buchstaben durch 2 leere Gewebebündel voneinander getrennt sein.*

3. *Falls die Namen untereinander stehen, muß die Bordüre am Rand ebenfalls nach unten verlängert werden. Sticken Sie dafür ein senkrechtes Oval mehr als auf der Vorlage.*

Die gestickte Erinnerungstafel mit den Namen des glücklichen Paares, Hochzeitsdatum, Herzen und Blumenbordüre ist ein reizendes Hochzeitsgeschenk. Das Kissen paßt genau dazu.

ANNA & MAX
12-10-95
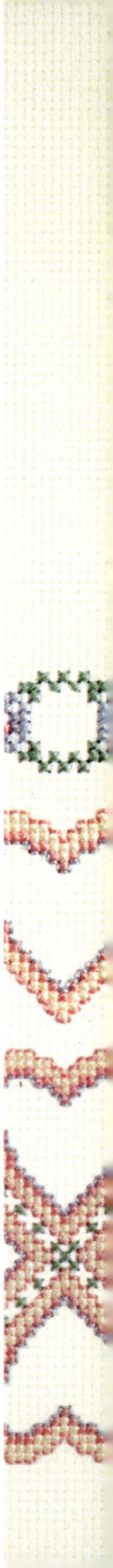

HERZMUSTER

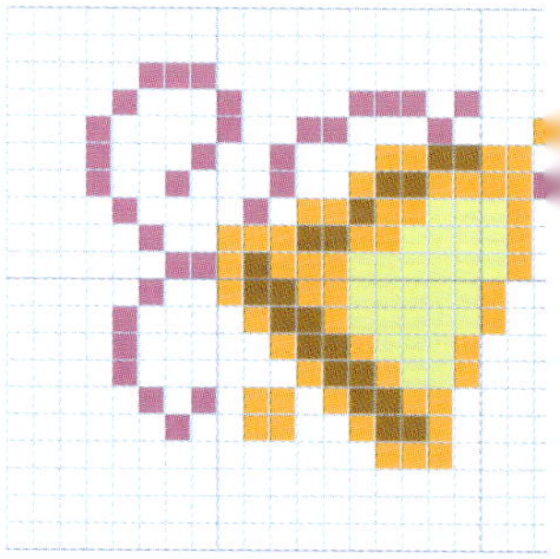

Wenn Sie das Bild größer sticken möchten, wiederholen Sie einfach das Herzmotiv unter den Namen.

ERINNERUNGSTAFEL

Falten Sie den Stoff zweimal in der Diagonale, markieren Sie mit Heftstichen die Mitte. Markieren Sie die Mustermitte mit Bleistift. Stoff in den Rahmen spannen und besticken (S. 12/13). Jedes Kästchen der Vorlage entspricht einem vollständigen Kreuzstich.

FERTIGSTELLUNG

1. *Bügeln Sie die fertige Stickerei von der Rückseite auf einer weichen Unterlage.*

2. *Legen Sie die Stickerei mit der bestickten Seite nach oben auf den Karton. Oberen Stoffrand nach hinten falten und feststecken. Das Bild soll genau in der Mitte liegen. Unteren Stoffrand ebenfalls nach hinten falten. Beide Ränder mit großen losen Stichen mit dem Häkelgarn verbinden. Beginnen Sie links. Festziehen.*

3. *Wenn Sie die ganze Bahn auf diese Art genäht haben, entfernen Sie die Stecknadeln. Knoten Sie zuletzt die Fadenenden fest und vernähen Sie die Reste.*

4. *Wiederholen Sie den Vorgang mit den beiden seitlich überstehenden Stoffrändern. Die Ecken dabei besonders sorgfältig einschlagen. Legen Sie Glas, Stickerei und Rückenwand des Bildes in den Rahmen zurück und fixieren Sie das Ganze. Überkleben Sie die Rille zwischen Rahmen und Bilderrückseite mit gummierten Papierstreifen oder Klebeband.*

KISSEN

Falten Sie den Stoff zweimal in der Diagonale zusammen und markieren Sie die Mitte mit einigen Heftstichen. Kennzeichnen Sie auch auf der Vorlage die Mitte. Spannen Sie den Stoff in den Stickrahmen (S. 13). Spalten Sie das Stickgarn in jeweils 3 Fäden, führen Sie Kreuzstiche und einfache Stiche nach der Vorlage aus (S. 12). Beginnen Sie in der Mitte. Jedes farbige Kästchen bedeutet einen ganzen Kreuzstich.

FERTIGSTELLUNG

1. *Bügeln Sie die Stickerei von der Rückseite leicht mit einem lauwarmen Bügeleisen, ohne die Stiche zu sehr zu glätten.*
Schneiden Sie die Ränder ab, so daß außerhalb der Stickerei an allen Rändern 12 freie Gewebebündel stehenbleiben.

2. *Falten Sie die Kanten bei der sechsten Lochreihe nach hinten und heften Sie den Saum fest. Heften Sie die Spitze von hinten gegen den Stoff. An den Ecken Falten legen, damit die Spitze flach liegt.*

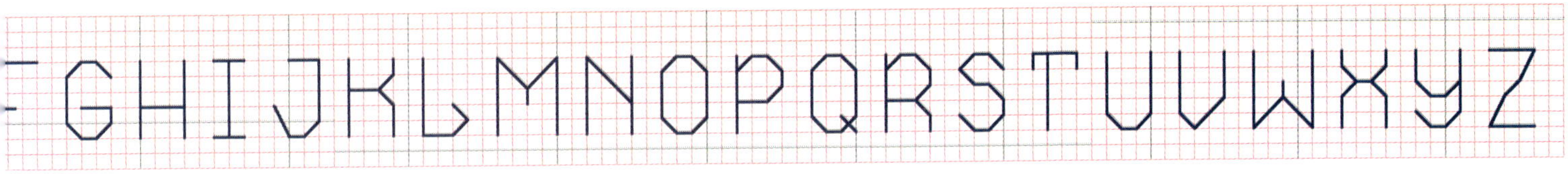

Diese etwas aufwendigeren Herzmuster könnten statt des einfachen Herzes auf Kissen und Bild gestickt werden.

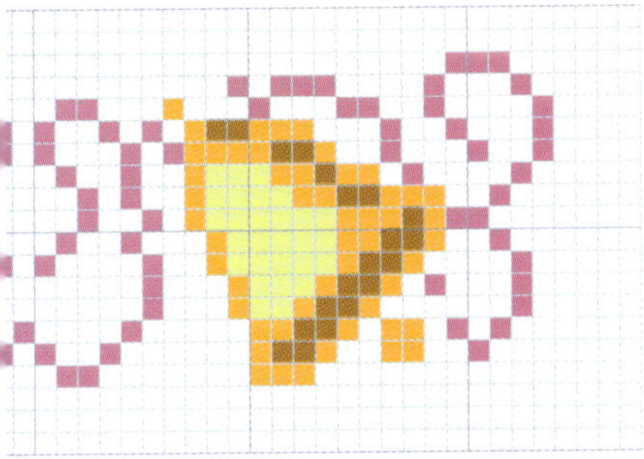

GLOCKENMUSTER

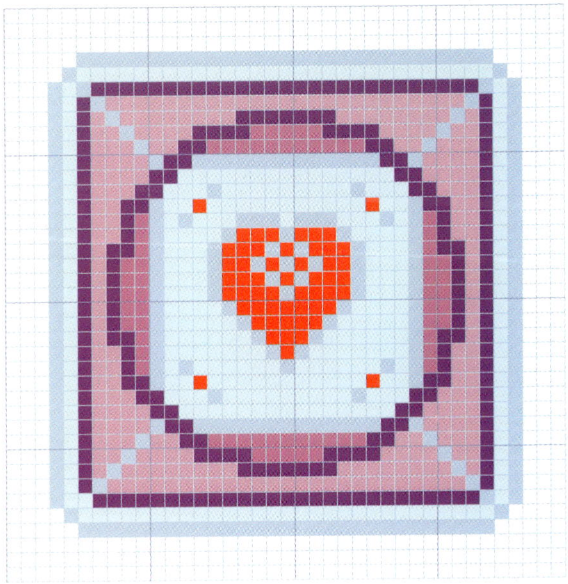

BLUMEN-HERZ

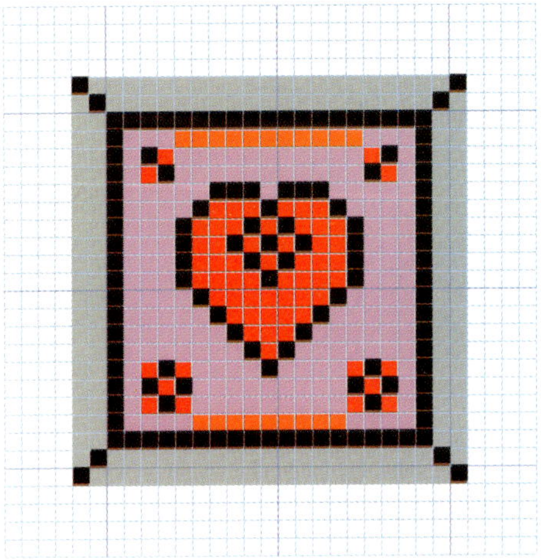

KLEINES HERZ

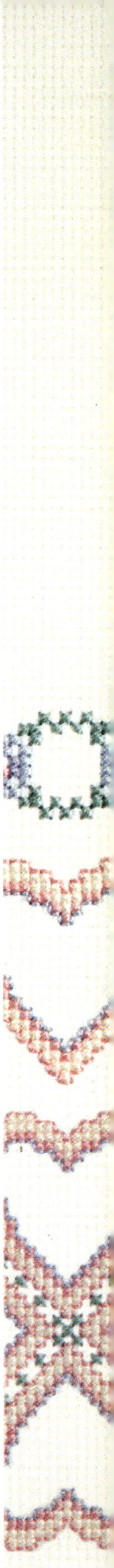

3. *Legen Sie den Stoff mit der bestickten Seite nach unten auf den Tisch. Legen Sie das Füllmaterial darüber. Eventuell etwas kleiner als den Stoff zuschneiden. Den weißen Filz genau abschließend über Stoff und Füllung legen und an den Kanten alle Schichten aufeinander heften.*

4. *Nähen Sie die gehefteten Kanten mit der Maschine nach (2 Gewebebündel vom Rand entfernt). Heftgarn entfernen, überschüssigen Filz abschneiden. Schließlich das Seidenband zu einer Schleife binden und mitten auf dem Kissen annähen.*

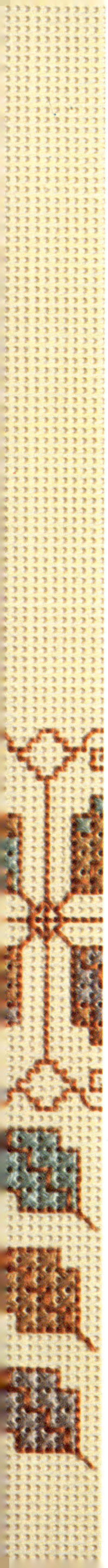

Bucheinbände

MATERIAL

2 Bogen beiges perforiertes Papier, etwa 12 x 20 cm, für die Adreßbücher

2 Streifen beiges perforiertes Papier, etwa 5 cm breit, für die Lesezeichen

DMC-Sticktwist in: 2 Stränge Braun 3826, je 1 Strang Grau 452, Graugrün 3817, Hellbraun 3828

Sticknadel Größe 24

2 vorgefertigte Adreßbücher mit Passepartout

Weicher Bleistift

Die eleganten Adreßbücher sind mit dezenten Stickereien in warmen Herbstfarben geschmückt. Behalten Sie am besten ein Buch für sich, das andere verschenken Sie.

RECHTES ADRESSBUCH UND LESEZEICHEN

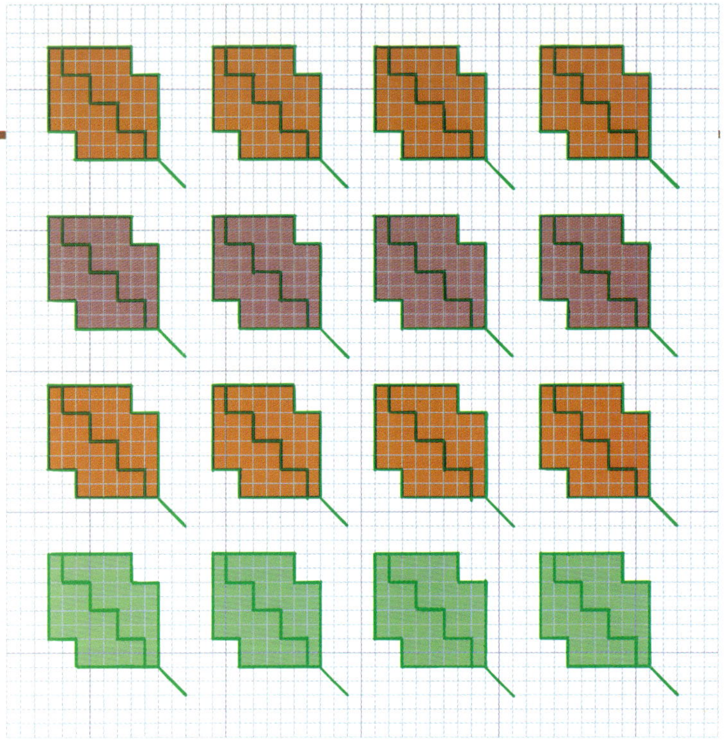

LINKES ADRESSBUCH UND LESEZEICHEN

FARBTABELLE FÜR DAS ADRESSBUCH

HELLBRAUN	GRAUGRÜN	HELLGRAU
3828	3817	452

VORBEREITUNGEN

1. Nehmen Sie die Einlagen aus den Büchern. Passen Sie stattdessen einen Bogen perforiertes Papier ein. Markieren Sie die ovalen Ausschnitte leicht mit Bleistift auf dem Papier.

2. Nehmen Sie das Papier wieder heraus. Mittelpunkt des Papiers und der Vorlage mit Bleistift markieren.

STICKEN

Spalten Sie das Stickgarn in jeweils 4 Fäden. Arbeiten Sie die Kreuzstichmuster von der Mitte beginnend nach (S. 12).

Jedes Kästchen der Vorlage entspricht einem kompletten Kreuzstich über einen Papier-„Faden". Anschlie-ßend arbeiten Sie mit in jeweils 3 Fäden gespaltenem Stickgarn die einfachen Stiche nach. Sie verbinden immer 2 benachbarte Löcher.

FERTIGSTELLUNG

Legen Sie die Klarsichtfolie über das bestickte Papier und schieben Sie beides vorsichtig in die Hülle.

LESEZEICHEN

Schmücken Sie die obere Hälfte der Papierstreifen nach Belieben mit Motiven der hier gezeigten Vorlagen. Säubern Sie die Kanten mit einer Reihe einfacher Stiche in der zweiten Lochreihe vom Rand. Trimmen Sie den Papierrand gleichmäßig zurecht.

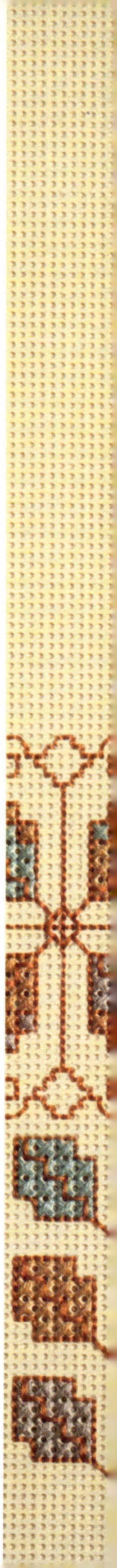

Wohnen mit Stil

Schmücken Sie Ihre Umgebung mit schön bestickten Accessoires. Seien es nun blau-weiße Bordüren für das Küchenregal, farbenfrohe Kissen fürs Wohnzimmer oder glitzernder Weihnachtsschmuck – alles bekommt durch die Handarbeit eine persönliche Note.

Spitzenbordüren

BORDÜRENMUSTER

MATERIAL

Weißer Aidastoff (4 Gewebebündel auf 1 cm)

DMC-Sticktwist in: Blau 797, Mittelblau 799, Weißblau 800

Sticknadel Größe 24

Stickrahmen

Heftgarn, Nähnadel

Steck- und Nähnadeln

Zackenlitze oder Spitze in der Länge der Bordüren

Doppelseitiges Klebeband zum Befestigen der Bordüren

ABMESSEN

Messen Sie die Länge der Regalbretter ab, geben Sie pro Brett 3 cm für den Saum rechts und links dazu. Die Stickerei wird auf mindestens 8 cm breiten Stoffstreifen (fertige Breite ca. 5 cm) ausgeführt. Auch bei der Spitze müssen Sie 3 cm Saum dazurechnen.

VORBEREITUNGEN

1. Markieren Sie die Abmessungen der Bordüren auf dem Stoff durch Heftstiche. Die Streifen stoßen direkt aneinander. Vergessen Sie auch hier die Zugabe für die Säume nicht!

2. Markieren Sie die Mitte (längs- und querseitig) der Stoffstreifen ebenfalls mit Heftgarn. Spannen Sie den Stoff in einen Stickrahmen ein (S. 13).

STICKEN

Beim Nachsticken der Bordürenmuster in Kreuzstichen und einfachen Stichen beginnen Sie jeweils in der Mitte des Stoffstreifens und arbeiten nach außen.

FERTIGSTELLUNG

1. Bügeln Sie die fertige Stickerei. Schneiden Sie diese einzelnen Stoffstreifen entlang der Heftlinien auseinander. Über und unter der Stickerei sollten 2 Fadenstränge stehenbleiben.

2. Nähen Sie die Säume in der freien Lochreihe mit farblich zum Stoff passendem Nähgarn nach.

3. Nähen Sie die Spitze mit unsichtbaren Stichen von hinten gegen die Unterkante der Bordüren und befestigen Sie diese mit Klebeband an den Regalkanten.

FARBTABELLE FÜR DIE BORDÜRENMUSTER

WEISSBLAU — 800
MITTELBLAU — 799
BLAU — 797
799

Das geometrische, fortlaufende Muster in 3 Blautönen ist schnell gestickt und wird durch eine kleine Spitze oder Zackenlitze zusätzlich „veredelt“.
Die Muster unten lassen sich ebenfalls für Bordüren verwenden. Sie können auch jedes Regal in einem anderen Design gestalten.

BORDÜRENMUSTER

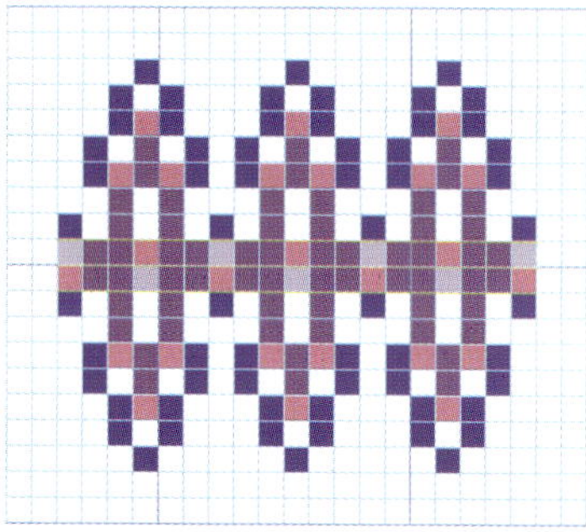

Tropische Fische

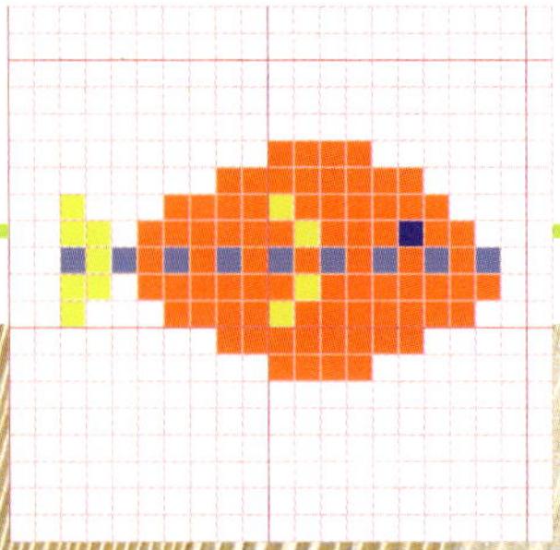

MATERIAL

Weißer Aidastoff (4 Gewebebündel auf 1 cm)

DMC-Sticktwist in: Zitronengelb 307, Kraftigorangegelb 608, Grasgrün 702, Blau 939, Zyanblau 995

Sticknadel Größe 24

Stickrahmen

Heftgarn, Nähnadel

Weiße Gästehandtücher und Waschlappen mit eingewebtem Band

Haftvlies (Vliesofix)

VORBEREITUNGEN

1. *Messen Sie die eingewebten Streifen in den Handtüchern und addieren Sie auf allen Seiten je 1,5 cm. Markieren Sie die gewonnenen Maße auf dem Aidastoff durch Heftstiche. Die einzelnen Streifen stoßen direkt aneinander.*

FARBTABELLE FÜR DIE TROPISCHEN FISCHE

KRAFTIG-ORANGEGELB	ZITRONENGELB	ZYANBLAU	BLAU	GRASGRÜN
608	307	995	939	702

2. *Markieren Sie die Mitte jedes Stoffstreifens durch Heftstiche*

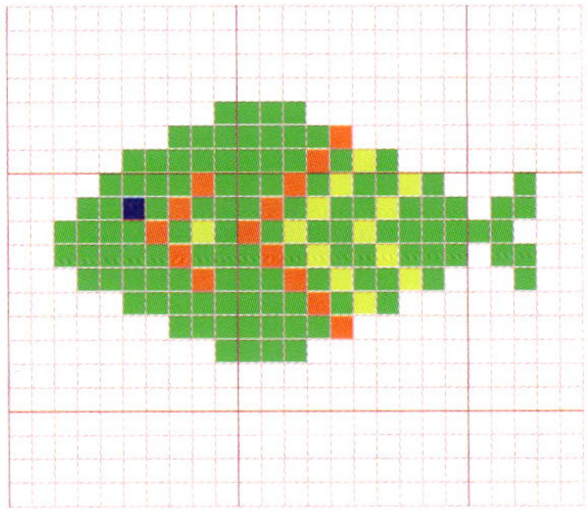

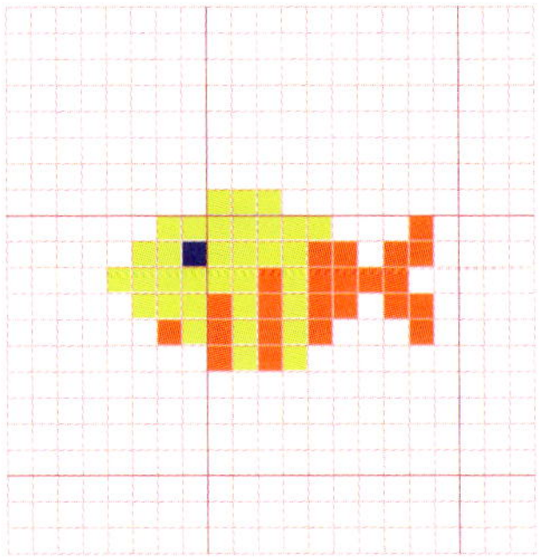

FISCHMOTIVE

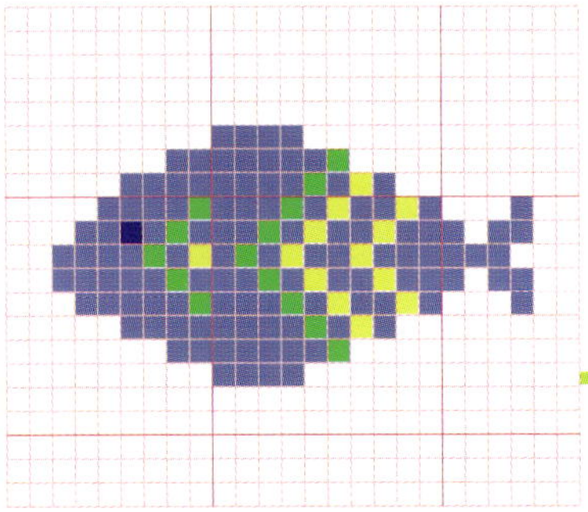

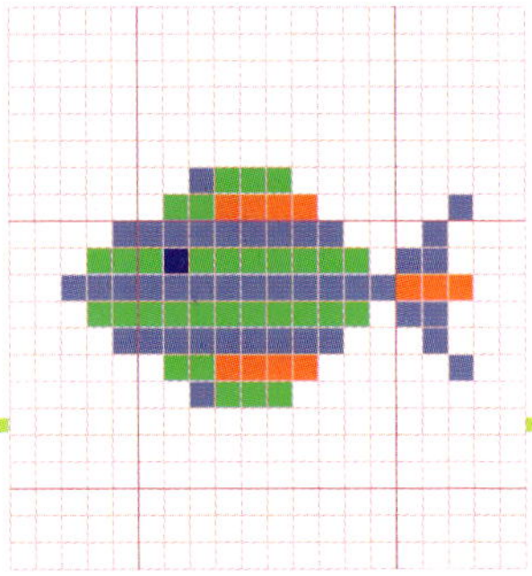

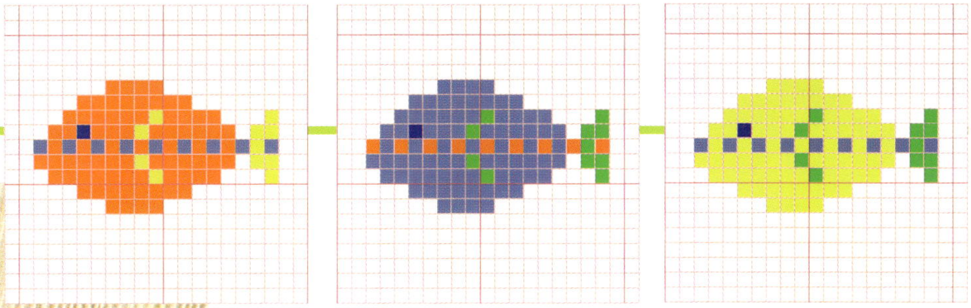

STICKEN

Spannen Sie die Stoffmitte in den Stickrahmen ein (S. 13). Verwenden Sie das Stickgarn in je 3 Fäden gespalten. Sticken Sie die Vorlagen in Kreuzstich nach (S. 12) – und zwar von der Mitte beginnend. Jedes Kästchen der Vorlage entspricht einem vollständigen Kreuzstich.
Das Motiv für den Waschlappen sticken Sie auf einem kleinen rechteckigen Stoffstück aus.

FERTIGSTELLUNG

1. *Bügeln Sie die fertigen Stickereien mit einem lauwarmen Bügeleisen von der Rückseite leicht glatt. Bügeln Sie das Vliesofix genau nach Anweisungen des Herstellers auf die Rückseite.*

2. *Wenn das Ganze abgekühlt ist, schneiden Sie den Stoff entlang der Heftstich-Linie in Streifen. Bügeln Sie auch auf das kleine Motiv für den Waschlappen Vliesofix.*

3. *Ziehen Sie das Schutzpapier ab und falten Sie an jedem Stoffstreifen rundum einen Saum von 1,5 cm Breite nach hinten. Legen Sie den Stoff mit der Vliesofix-Seite nach unten über die Webstreifen auf den Handtüchern.*

4. *Bügeln Sie die Stoffstreifen mit dem Dampfbügeleisen (oder unter einem feuchten Tuch) fest auf. Ränder eventuell mit kleinen Stichen zusätzlich festnähen.*

Die tropischen Fische in sprühenden Leuchtfarben bringen einen Hauch von Karibik ins Badezimmer. Mit Haftvlies sind sie schnell an den Handtüchern befestigt.

ALGEN-GIRLANDE

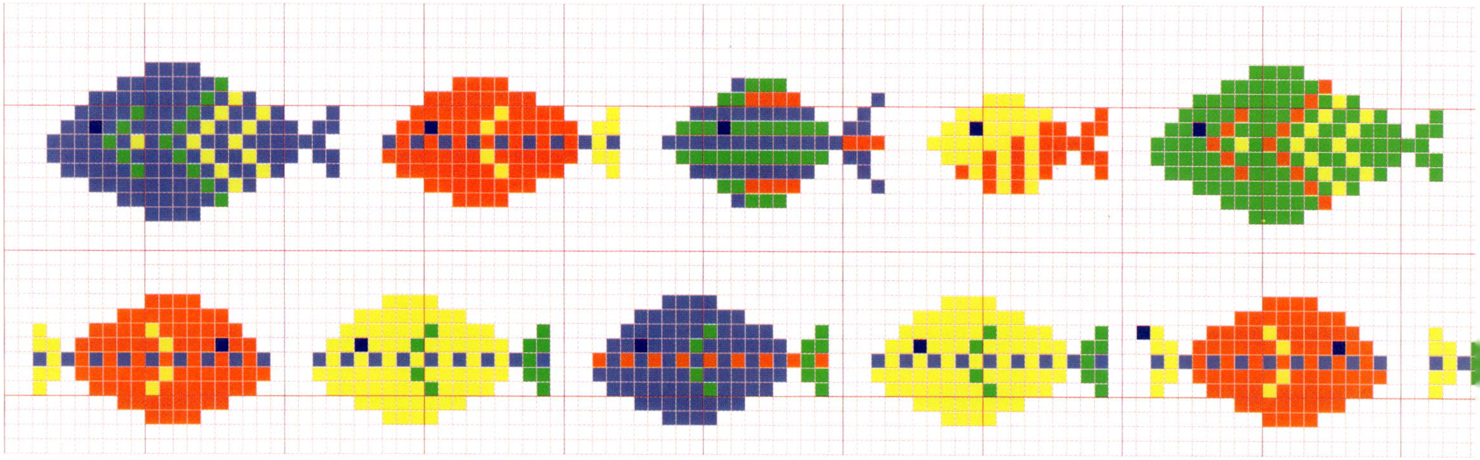

FISCHSCHWARM

FISCH QUARTETT

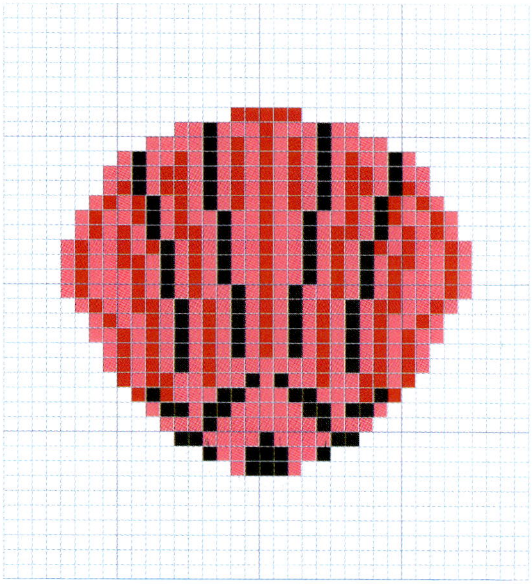

MUSCHEL

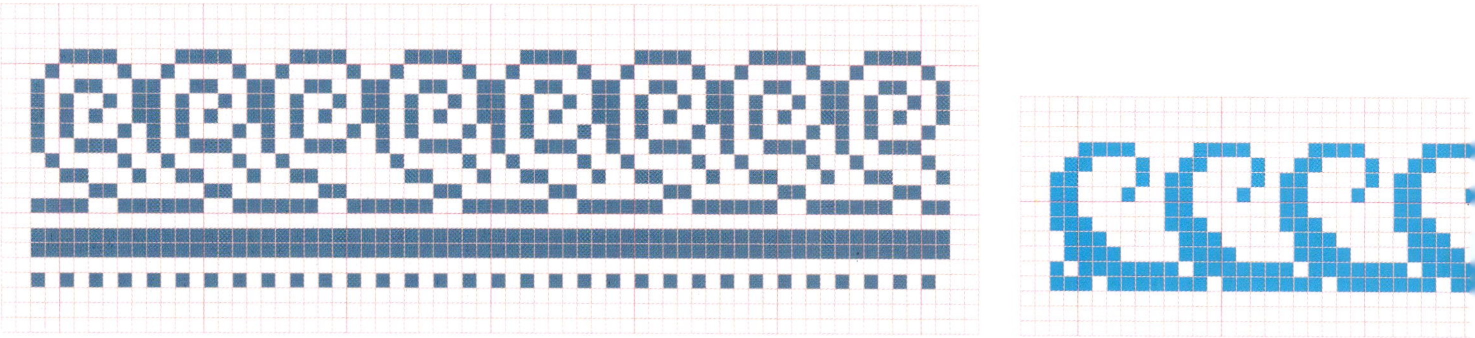

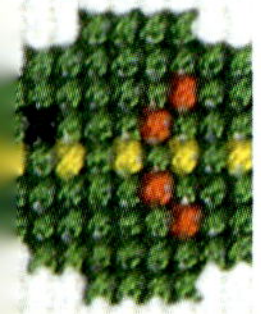

WOGENDE WELLEN

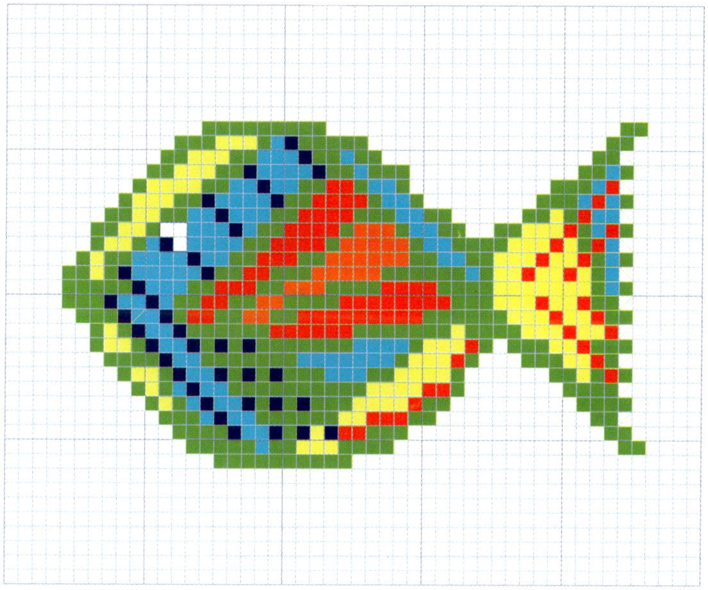

GROSSER FISCH

Fische sind eine heitere Verzierung für Handtücher und Waschlappen – lassen sie doch an tropische Badefreuden denken. Auf dieser Doppelseite finden Sie viele Anregungen. Bunte Fischschwärme können auch über einem Wellen- oder Algen-Motiv „schwimmen“.

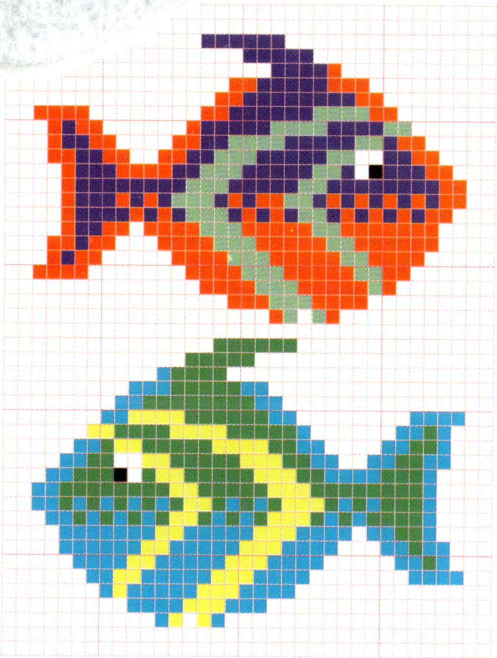

TROPENFISCHE

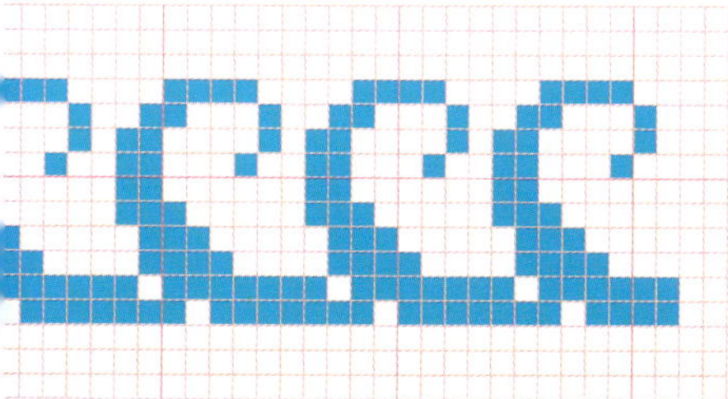

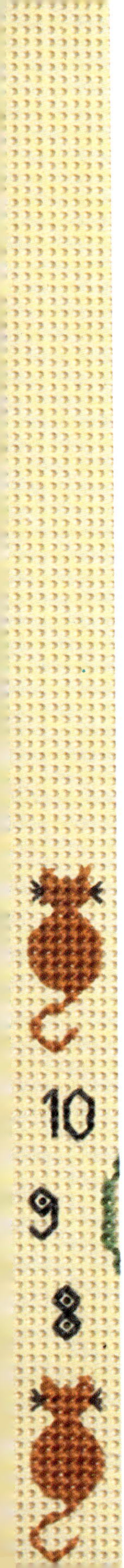

ZIFFERBLATT

„Katzenstunde“

MATERIAL

1 Bogen perforiertes Papier, 10 x 15 cm

Je 1 Strang DMC-Sticktwist in: Zitronengelb 307, Dunkelgrau 413, Mittelgrasgrün 703, Orangegelb 740, Dunkelgrün 3808, Braun 3826

Sticknadel Größe 24

Kleine hölzerne Uhr (Bastelladen, Spezialversand)

Weicher Bleistift

VORBEREITUNGEN

1. Markieren Sie mit dem Bleistift ein Rechteck mit 48 „Fäden“ Breite und 72 „Fäden“ Länge auf dem Papier. Es wird erst später ausgeschnitten.

2. Markieren Sie ebenfalls mit Bleistift die Papiermitte und die Mitte der Stickvorlage.

3. Die Linien im Mittelpunkt des Zifferblattes auf der Vorlage zeigen den Ausschnitt für die Zeiger-Befestigung. Übertragen Sie auch diese Markierung auf das Stickpapier.

STICKEN

Arbeiten Sie – in der Mitte beginnend – die Muster in Kreuzstichen nach (S. 12). Das Stickgarn ist in jeweils 3 Fäden gespalten. Jedes Kästchen auf der Vorlage bedeutet einen ganzen Kreuzstich durch 4 Löcher auf dem Stickpapier. Anschließend sticken Sie die Details in geraden Stichen (S. 12), ebenfalls mit aus 3 Fäden bestehendem Garn. Jeder gerade Stich geht durch zwei benachbarte Löcher.

FERTIGSTELLUNG

1. Nehmen Sie die Bastel-Uhr nach den Anweisungen des Herstellers auseinander. Schneiden Sie das Stickpapier für das Zifferblatt passend zu. Schneiden Sie das Loch für die Zeiger-Befestigung aus.

2. Legen Sie das Papier hinter die Scheibe und bauen Sie die Uhr sorgfältig wieder zusammen.

Dieses einfache Kätzchen-Motiv eignet sich auch für ein zum Zifferblatt passendes kleines Stickbild.

FARBTABELLE FÜR DAS ZIFFERBLATT

BRAUN	MITTELGRASGRÜN	ZITRONENGELB	ORANGEGELB
3826	703	307	740
	703		
413 DUNKELGRAU		3808 DUNKELGRÜN	

Vier freche rote Kätzchen und Blumenmotive verzieren diese Uhr. Natürlich können Sie die Katzen auch anders „einkleiden“, zum Beispiel gestreift, gefleckt oder so wie Ihre eigene Katze.

KÄTZCHEN-VARIATIONEN

BUNTE HUNDE-GESELLSCHAFT

Nach Belieben können Sie einen oder mehrere Hunde auf eine beliebige Fläche sticken. Auch die Farben sind variabel.

FRECHE KÄTZCHEN

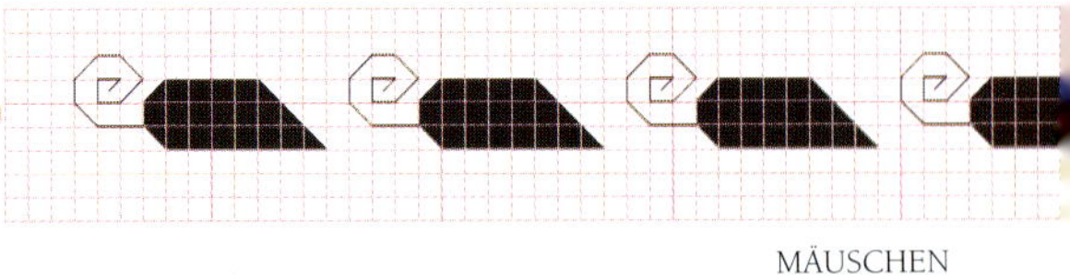

MÄUSCHEN

KATZEN-BORDÜRE

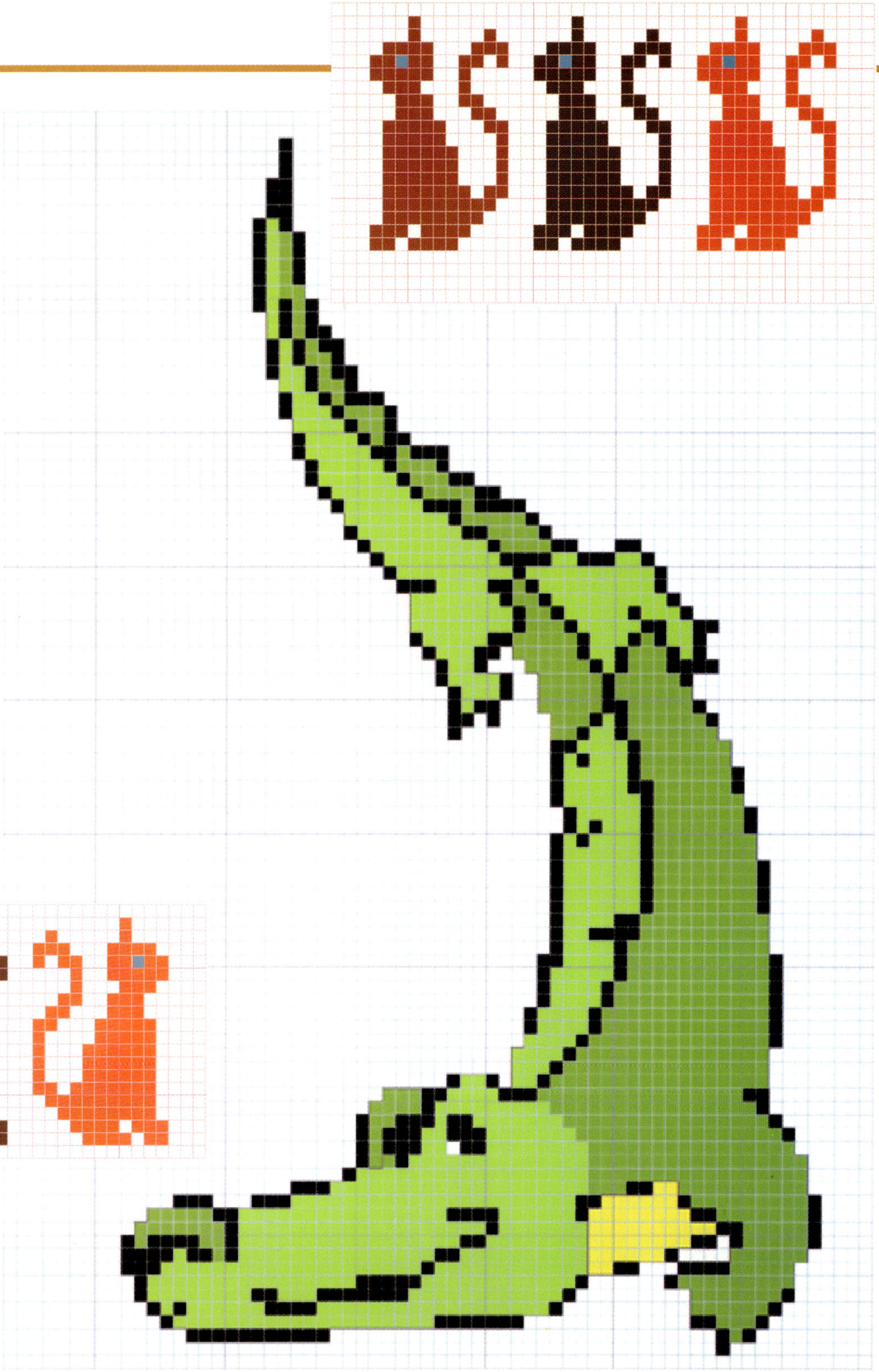

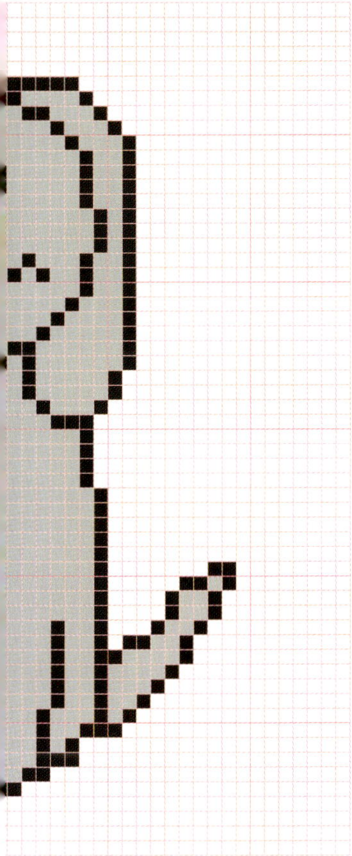

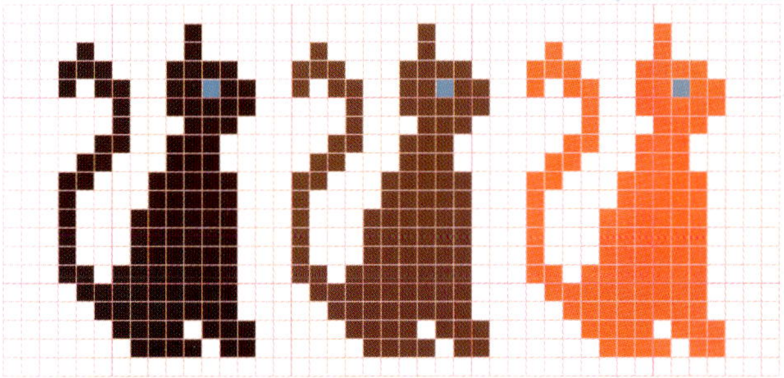

Katzen und Krokodile:
Alle Motive lassen sich auch spiegelbildlich sticken: Besonders schön wirkt ein symmetrisch gestaltetes Tierpaar.

KROKODIL

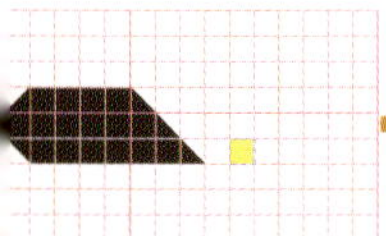

Omas Spitzenkissen

MATERIAL

8 x 8 cm große Canevas-Stücke (eines pro Motiv)

DMC-Sticktwist in: Pink 603, Blaßrosa 605, Zartflaschengrün 564 (1 Strang pro Farbe reicht für etwa 12 Motive)

Sticknadel mit Spitze Größe 7

Dunkles Heftgarn

Stick- und Nähnadeln

2 weiße Kissenbezüge (fertig gekauft oder selbstgenäht)

Kissenfüllung

VORBEREITUNGEN

1. *Stecken Sie 3 oder 4 Canevas-Stücke auf der Kissenvorderseite fest.*

2. *Wenn Sie mit der Anordnung zufrieden sind, heften Sie die Stoffstücke an.*

3. *Markieren Sie die Mitte der Mustervorlagen mit einem weichen Bleistift.*

STICKEN

Sticken Sie die Motive von den Vorlagen auf dem Stoff (durch beide Stofflagen!) nach. Benutzen Sie in 3 Fäden gespaltenes Stickgarn. Beginnen Sie die Arbeit in der Mitte. Jedes farbige Kästchen der Vorlage entspricht einem vollständigen Kreuzstich.

FARBTABELLE FÜR DAS SPITZENKISSEN

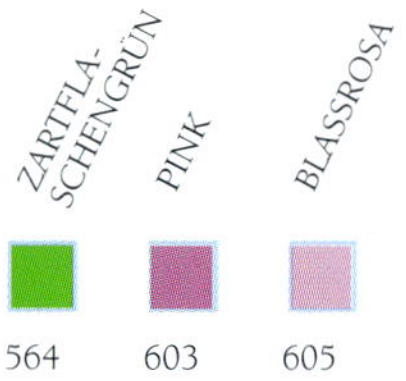

FERTIGSTELLUNG

1. *Bügeln Sie die fertige Stickerei von der Rückseite (Kissenbezug wenden) auf einer weichen Unterlage.*

2. *Befeuchten Sie den Stickstoff und ziehen Sie die Fäden einzeln mit einer Pinzette heraus, bis nur noch die Stickerei übrig bleibt.*

SCHLICHTE BLUMENMUSTER

Die kleinen Blütenmotive wirken auf den duftigen weißen Kissenbezügen reizend und sind schnell gemacht. Die Vorgehensweise mit doppeltem Stoff wird auf S. 13 beschrieben. Oben sehen Sie weitere ähnliche Muster.

ROSENMOTIV

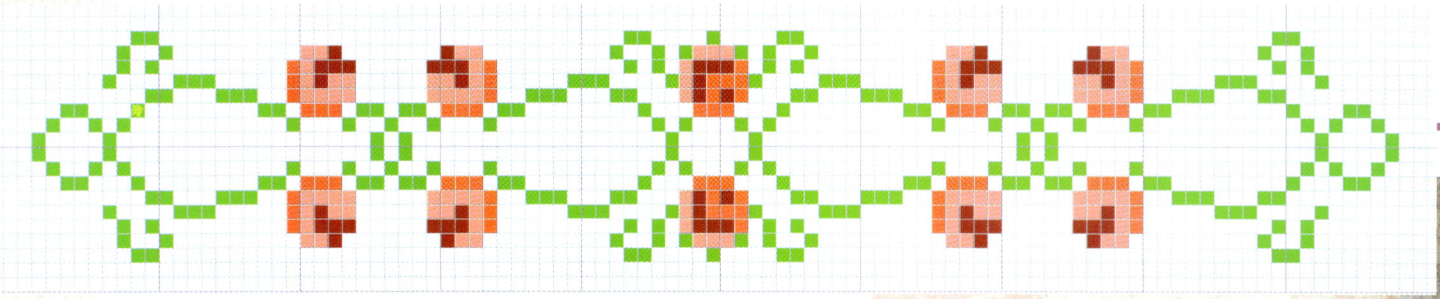

BLUMENGIRLANDE

Frühstückstablett

MATERIAL

Elfenbeinfarbener Aidastoff (7 Gewebebündel auf 1 cm), 37 x 54 cm

Je 1 Strang DMC-Sticktwist in: Hellapricot 352, Hellgrasgrün 704, Mittelpfirsichrosa 3712, Hellpfirsichrosa3779

Sticknadel mit Spitze Größe 26

Sticknadel Größe 8

Stickrahmen

Dunkles Heftgarn

Stick- und Nähnadeln

VORBEREITUNGEN

1. *Markieren Sie etwa 6 cm vom Rand (an einer Schmalseite) entfernt eine Reihe Heftstiche. Daneben in Richtung Mitte kommt eine zweite Heftstichreihe, 32 Fadenblöcke von der ersten entfernt. Innerhalb dieses Streifens entsteht die Stickerei.*

2. *Markieren Sie auch die durch Längsfalten erhaltene Mitte des Streifens durch Heftstiche sowie die Mitte der Vorlage mit Bleistift.*

STICKEN

Spannen Sie die Mitte des Streifens in einen Stickrahmen ein

FARBTABELLE FÜR DAS DECKCHEN

HELLAPRICOT	HELLGRAS-GRÜN	MITTEL-PFIRSICHROSA	HELLPFIRSICH-ROSA
352	704	3712	3779

(S. 13). In der Mitte beginnend, sticken Sie die Blumengirlande auf. Verwenden Sie in 3 Fäden gespaltenes Stickgarn.
Jedes farbige Kästchen der Vorlage bedeutet einen vollständigen Kreuzstich.

FERTIGSTELLUNG

1. *Bügeln Sie die fertige Stickerei von der Rückseite mit einem lauwarmen Bügeleisen. Verwenden Sie eine weiche Unterlage, damit die Fäden nicht zu platt werden.*

2. *Versäubern Sie den Rand mit einem Saum. Verwenden Sie hierfür einfache Stiche oder Knopflochstiche (S. 12). Jeder Stich läuft über 2 Fadenstränge – 5 Fadenstränge vom Rand entfernt. Wählen Sie einen hellrosa Farbton für diese Naht.*

Das Deckchen für das Frühstückstablett ist mit angedeuteten Blüten und Ranken in zarten Grün- und Rosatönen bestickt. Sie können die Girlande auch an beiden Breitseiten anbringen.

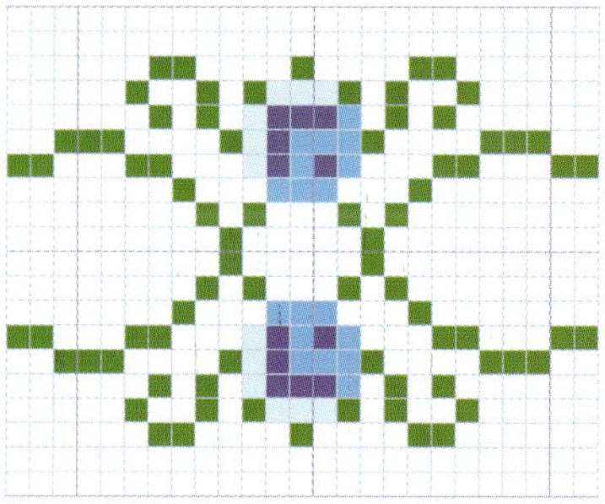

ROSENMOTIV

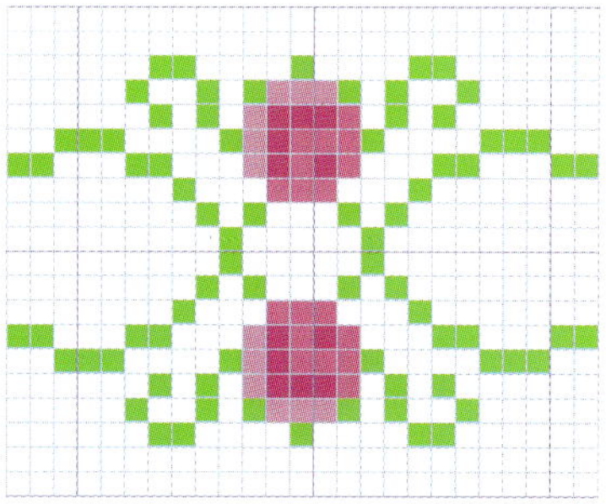

Das Motiv läßt sich farblich so abwandeln, daß es zum verwendeten Frühstücksservice paßt.
Eine weitere Idee für ein ähnliches Deckchen finden Sie auf S. 94 (Erdbeermotiv).

Art Deco

MATERIAL

Naturweißer Aidastoff (4 Gewebebündel auf 1 cm), 32 x 39 cm für das Set und 39 x 39 cm für die Serviette

Je 1 Strang DMC-Sticktwist in: Graugrün 413, Blau 796, Blau 799, Resedagrün 958, Jägergrün 3346, Dunkellavendel 3746, Rot 3801, Pink 3805, Gelb 3822

Sticknadel Größe 24

Sticknadel mit Spitze

Stickrahmen

Dunkles Heftgarn

Steck- und Nähnadeln

FARBTABELLE FÜR DAS ART-DEKO-MUSTER

GRAUGRÜN	ROT	RESEDAGRÜN	GELB	BLAU
413	3801	958	3822	799

BLAU	DUNKEL-LAVENDEL	JÄGERGRÜN	PINK
796	3746	3346	3805

Das passend zum Geschirr bestickte Tischset mit passender Serviette wirkt sehr edel.

TISCHSET MIT SERVIETTE

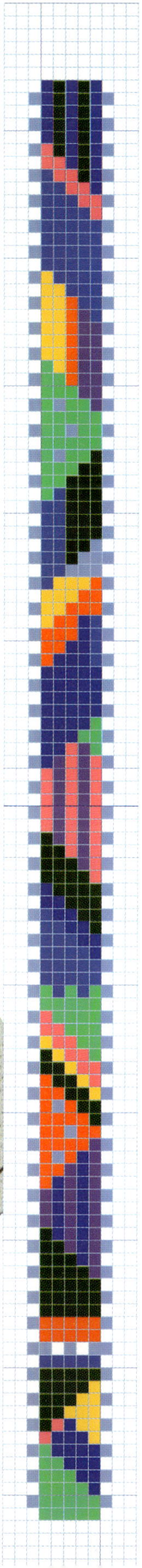

VORBEREITUNG

1. Markieren Sie mit Heftstichen 5 cm von der Stoffkante entfernt den linken Stickereirand. Messen Sie von dieser Linie 7 Gewebebündel nach rechts und nähen Sie eine zweite Heftreihe.

2. Falten Sie den Stoff längs dieses markierten Feldes und markieren Sie ebenfalls mit Heftgarn die Mitte der Bordüre. Kennzeichnen Sie die Mitte der Vorlage mit Bleistift.

STICKEN DES SETS

Spannen Sie den Stoff (Bordürenmitte) in den Stickrahmen ein (S. 13). Arbeiten Sie die geometrischen Muster in Kreuzstich nach. Jedes Kästchen der Vorlage entspricht einem vollständigen Kreuzstich. Spalten Sie das Stickgarn vor dem Sticken in jeweils 3 Fäden.

FERTIGSTELLUNG

1. Bügeln Sie das Deckchen von der Rückseite mit einem lauwarmen Bügeleisen.

2. Stecken Sie mit den Stecknadeln einen doppelten Saum (1,5 cm Breite) rund um das Deckchen. Die Ecken werden glatt eingeschlagen. Der Knick liegt genau auf einer Lochreihe. Nähen Sie den Saum mit geraden Stichen – wie auf dem Foto – zusammen. Auch hier wieder in 3 Fäden gespaltenes dunkles Stickgarn verwenden.

STICKEN DER SERVIETTE

1. Umnähen Sie die Serviette wie oben unter Punkt 2 beschrieben.

2. Sticken Sie auf 7 x 7 Kästchen nach der Vorlage von nebenan ein kleines Motiv in eine Ecke. Bügeln Sie auch die Serviette vorsichtig.

Fröhliche Tulpendecke

MATERIAL

Feiner weißer Aidastoff (7 Gewebebündel auf 1 cm), 130 x 130 cm für die Tischdecke und 45 x 45 cm für jede Serviette

DMC-Sticktwist in: 4 Stränge Hellzyanblau 996; je 3 Stränge Blau 798, Gelb 972; je 2 Stränge Grün 912, Gelb 973, Zartjägergrün 3348, Blau 3755

Sticknadel Größe 24

Kleiner und großer Stickrahmen

Dunkles Heftgarn

Passendes Nähgarn

Stick- und Nähnadeln

VORBEREITUNGEN FÜR DIE TISCHDECKE

1. *Heften Sie im Abstand von 7 cm rund um den Rand eine Markierungslinie für den Saum und eine zweite 6,5 cm weiter innen. Die zweite Linie zeigt an, wo die Tulpenstiele beginnen.*

2. *Markieren Sie durch geheftete Rechtecke, wo die Tulpenmotive liegen sollen. Orientieren Sie sich dabei an dem großen Foto. Insgesamt sind es 8 Tulpen – 2 Tulpen an jeder Ecke.*

3. *Heften Sie eine dritte Linie auf, die genau durch die Mitten der vorgehefteten Rechtecke läuft. Sie dient später beim Sticken der feinen Streifenmuster als Orientierung.*

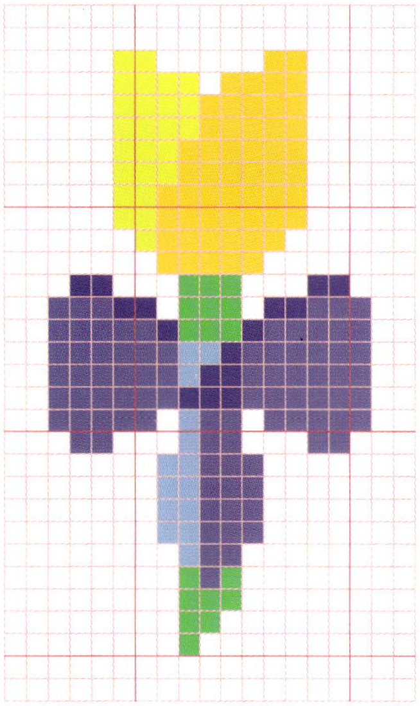

TULPE FÜR DIE SERVIETTEN

FARBTABELLE FÜR DIE TULPEN

GELB	GELB	ZARTJÄGERGRÜN	GRÜN	GRÜN
973	972	3348	912	703

BLAU	HELLZYANBLAU	BLAU
798	996	3755
798		3755

Diese fröhliche Decke verzaubert Ihren Tee- oder Kaffeetisch und läßt den Frühling ins Haus. Passend dazu werden die Servietten bestickt.

TULPENMOTIV FÜR DIE TISCHDECKE

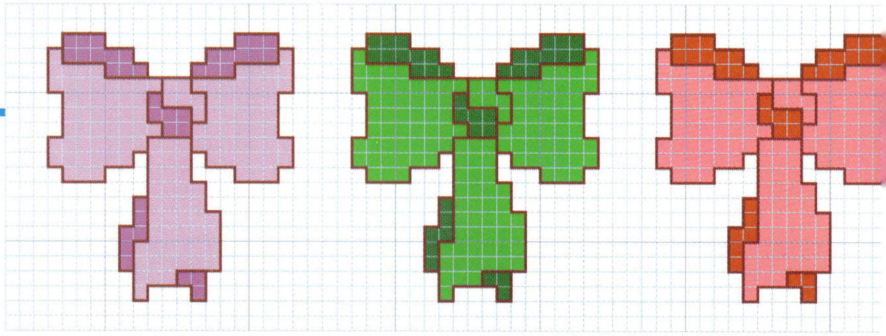

BUNTE SCHLEIFEN

GELBE ROSEN

STICKEN DER TISCHDECKE

Spannen Sie den Stoff in den Stickrahmen ein (S. 12) und arbeiten Sie die Tulpenmotive in Kreuzstichen nach (S. 13). Verwenden Sie jeweils in 3 Fäden gespaltenes Stickgarn. Jedes Kästchen auf der Vorlage entspricht einem kompletten, über 2 vertikale und horizontale Gewebebündel reichenden Kreuzstich. Anschließend verbinden Sie die Tulpenmotive mit einem umlaufenden Strichmuster (auf der Vorlage oben durch Linien angedeutet). Auch hier wieder Stickgarn mit 3 Fäden verwenden. Jeder Stich läuft über 2 Gewebebündel.

FERTIGSTELLUNG DER TISCHDECKE

1. *Legen Sie den Stoff mit der bestickten Seite nach unten auf eine weiche Unterlage und bügeln Sie ihn mit einem lauwarmen Eisen.*

2. *Fixieren Sie den Saum mit Stecknadeln, so daß der Knick genau auf einer Lochreihe liegt. Heften Sie ihn fest. Achten Sie darauf, daß die Stickerei von allen Kanten gleich weit entfernt ist. Umnähen Sie die Decke mit der Hand oder der Maschine und bügeln Sie sie anschließend.*

VORBEREITUNGEN FÜR DIE SERVIETTEN

1. *Markieren Sie durch eine Heftreihe 2 cm von den Rändern entfernt die Säume.*

2. *Deuten Sie die Lage der kleinen Tulpenmotive an, indem Sie ein 30 Gewebebündel breites und 54 Gewebebündel langes Rechteck auf jede Serviette heften.*

3. *Das Motiv sollte in einer Ecke liegen – etwa 6 cm von den Heftlinien für den Saum entfernt.*

STICKEN DER SERVIETTEN

Spannen Sie die markierte Ecke der Serviette in einen kleinen Stickrahmen ein. Arbeiten Sie die Motive mit in je 3 Fäden gespaltenem Stickgarn nach. Jedes Kästchen der Vorlage entspricht einem über 2 Längs- und 2 Querbündel liegenden Kreuzstich.

FERTIGSTELLUNG DER SERVIETTEN

1. *Bügeln Sie die Stickerei von der Rückseite vorsichtig glatt. Falten Sie einen doppelten Saum. Schlagen Sie dabei die Ecken sorgfältig ein. Stecken Sie den Saum gut fest.*

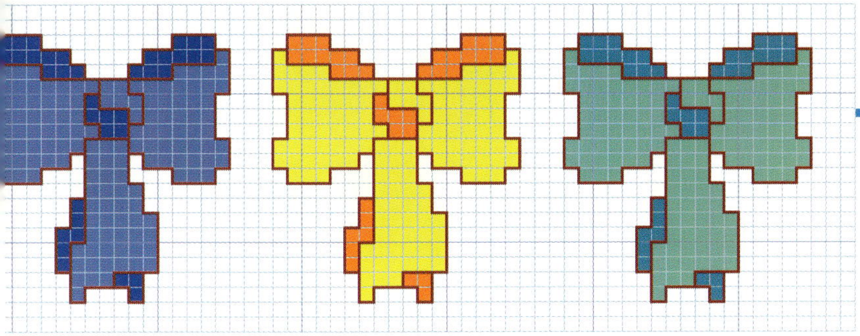

Blumen- und Schleifen/Vorlagen

Auch eine Reihe bunter Schleifen paßt auf eine Tischdecke. Sie kann durch eine der Blütengirlanden, aber auch durch einfache gerade Stichreihen ergänzt werden.

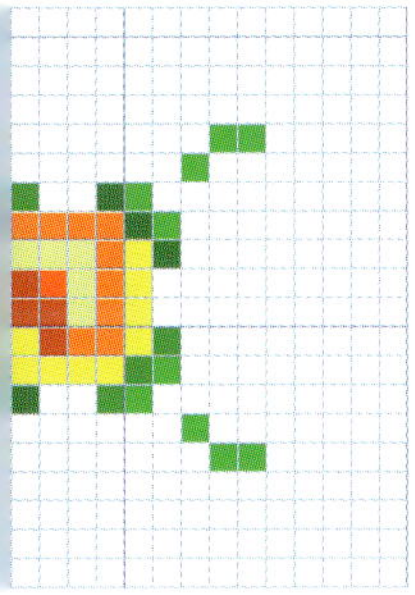

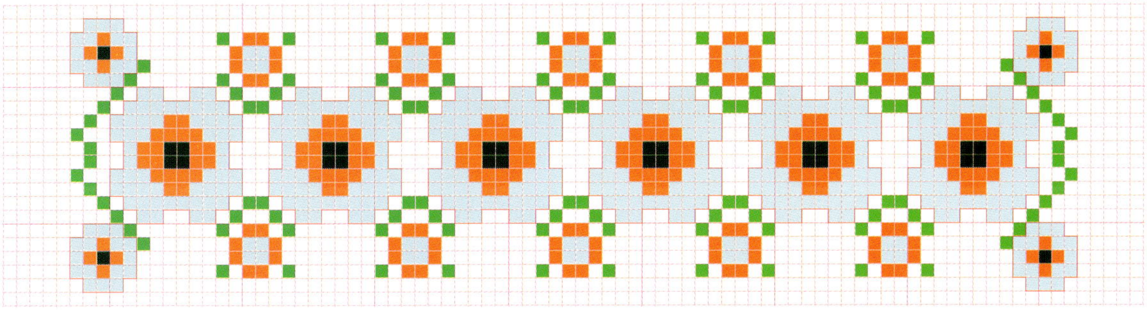

STIEFMÜTTERCHEN

Blumenmuster schmücken seit Jahrhunderten unsere Tischdecken, Deckchen, Läufer und Kissen. Doch auch Taschentücher, Schals und andere Kleidungsstücke lassen sich damit verschönern.

2. *Heften und nähen Sie den Saum anschließend mit der Hand oder der Maschine.*

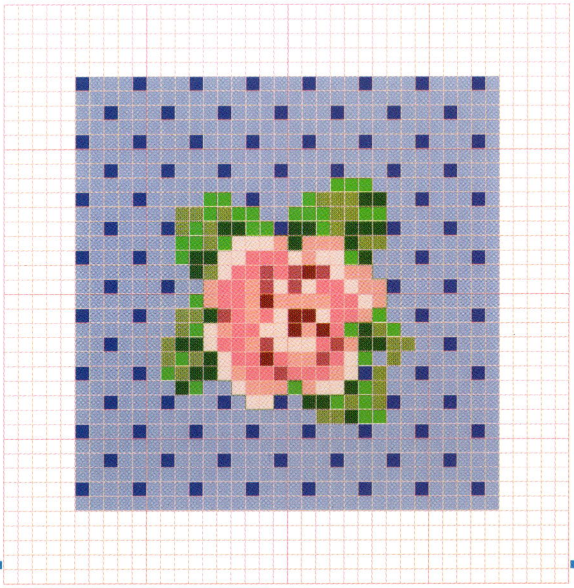

ROSENBLÜTE

BLÜTE MIT GRÜN

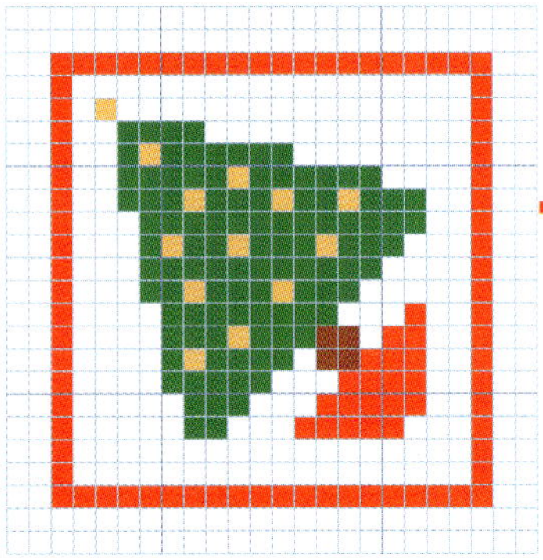

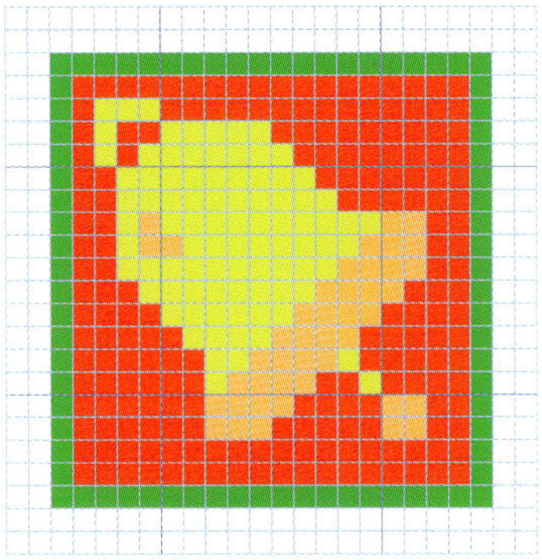

WEIHNACHTLICHE MOTIVE

MATERIAL

✤

Für die Kärtchen:
Weißes perforiertes Papier,
5 x 5 cm für jede Karte

✤

Je 1 Strang DMC-Sticktwist in:
Weiß, Flammendrot 666, Dunkel-smaragdgrün 699, Grasgrün 702, Gelb 973, Braun 3031

✤

Sticknadel Größe 24

✤

Sticknadel mit Spitze Größe 9

✤

Goldener Karton für die Karten,
9 x 18 cm

✤

Kleine Goldperlen

✤

Doppelseitiges Klebeband

✤

Für den Christbaumschmuck:
Perforierte Plastik-Stickfolie
(4 „Fäden“ auf 1 cm),
Seitenlänge je 20 „Fäden“

✤

Je 1 Strang DMC-Gobelingarn (Wollstickgarn) in: Weiß, Rot 7666, Grün 7906, Grün 7915, Gelb 7786, Braun 7467 (plus Grün für die einfarbigen Rückseiten)

Weihnachtsschmuck

✤
Metallicfaden in Altgold (DMC 276)
✤
Sticknadel Größe 22
✤
50 cm schmales Goldband und
1 kleiner Goldring pro Teil
✤
Schwarzer Filzstift mit feiner Spitze

STICKEN DER KÄRTCHEN

Markieren Sie die Mitte jedes Papierstücks und der Stickvorlage mit Bleistift. Arbeiten Sie die Muster in Kreuzstich nach (S. 12) – zunächst ohne die Goldfäden. Spalten Sie das Stickgarn in je 3 Fäden. Beginnen Sie in der Mitte. Jedes Kästchen der Vorlage bedeutet einen vollständigen Kreuzstich über einen „Faden". Arbeiten Sie die goldenen Stellen mit in 2 Fäden gespaltenem gelben Stickgarn ebenfalls in Kreuzstich. Arbeiten Sie beim Deckstich jeweils eine kleine Goldperle ein.

FERTIGSTELLUNG DER KÄRTCHEN

1. *Falten Sie den Karton in der Mitte, so daß Sie 9 x 9 cm große Kärtchen erhalten. Schneiden Sie die Ränder des bestickten Papiers glatt ab, so daß rundum 3 „Fäden" stehenbleiben.*

2. *Kleben Sie das Papier mit dem Klebeband diagonal auf die Kärtchen. Achten Sie darauf, daß sie zur richtigen Seite aufgeklappt werden.*

Traditionelle Weihnachtsmotive wie Christbaum, Glocke, Kerzen und Plumpudding sind hier zur Abwechslung einmal gestickt. Der außergewöhnliche Christbaumschmuck kann immer wieder verwendet werden.

FARBTABELLE FÜR WEIHNACHTLICHE MOTIVE

WEISS	BRAUN	GELB	GOLDFADEN, GOLDPERLE	FLAMMENDROT
	3031	973		666

DUNKEL-SMARAGDGRÜN	GRASGRÜN
699	702

STICKEN DES CHRISTBAUMSCHMUCKS

Schneiden Sie die rauhe Kanten der perforierten Folie ganz glatt. Arbeiten Sie die Vorlagen in halbem Kreuzstich nach (Grundstich: S. 12). Die äußerste „Faden"-Reihe bleibt rundum frei. Jedes Kästchen der Vorlage bedeutet einen waagrecht diagonal verlaufenden halben Kreuzstich über ein „Faden"-Kreuz. Sticken Sie auf dieselbe Art die einfachen grünen Rückenplatten für die Anhänger.

FERTIGSTELLUNG DES CHRISTBAUMSCHMUCKS

1. *Legen Sie 2 bestickte Quadrate mit den Rückseiten aufeinander. Nähen Sie beide mit dem grünen Garn der Umrandung mit Schlingstichen zusammen, wobei Sie an der oberen Spitze einen Ring zum Aufhängen befestigen.*

2. *Ziehen Sie das Goldband durch den Ring und knoten Sie eine Schlaufe zum Aufhängen an.*

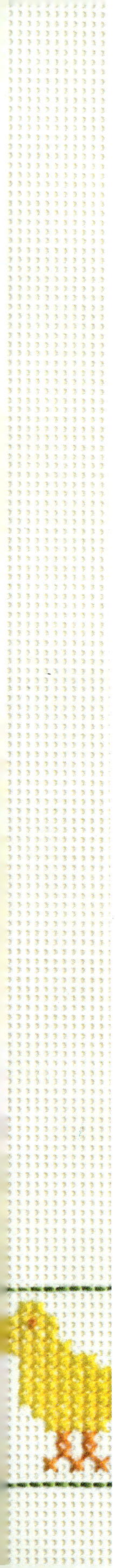

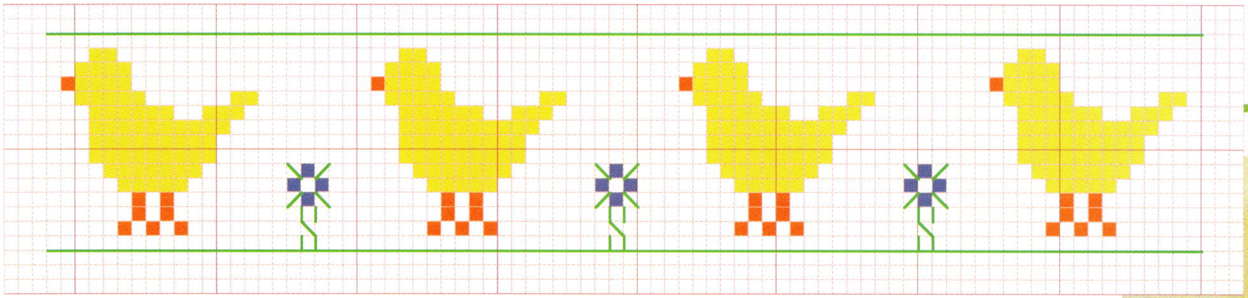

SCHMUCKBAND FÜR DIE OSTERTORTE

Osterschmuck

MATERIAL

10 cm breiter weißer Aidastoff (4 Gewebebündel auf 1 cm), der Länge nach um einen Kuchen passend, plus 10 cm Saumzugabe

Je 1 Strang DMC-Sticktwist in: Zitronengelb 307, Mittelgrasgrün 703, Orange 971, Hellzyanblau 996

Sticknadel Größe 26

Dunkles Heftgarn

Nähnadel

2 Stecknadeln mit Glaskopf

STICKEN

Markieren Sie die Stoffmitte längs und quer mit Heftstichen. Kennzeichnen Sie die Mitte der Stickvorlage mit Bleistift. Das Design wird in Kreuzstichen und einfachen Stichen ausgeführt (S. 12). Arbeiten Sie von der Mitte beginnend nach außen. Das Stickgarn wird in je 2 Fäden gespalten. Jedes Kästchen der Vorlage entspricht einem kompletten Kreuzstich über ein Fadenkreuz. Die Augen der Küken sind mit Knötchenstichen (S. 13) gestickt.

FERTIGSTELLUNG

1. *Bügeln Sie die Stickerei von der Rückseite leicht glatt. Schneiden Sie die Ränder ab, so daß an jeder Seite 3 Fadenreihen stehenbleiben.*

2. *Ziehen Sie mit Hilfe der Nadel vorsichtig die äußerste Fadenreihe vom Rand ab. Es ergeben sich kleine Fransen. Nochmals vorsichtig bügeln und mit den Stecknadeln um den Kuchen befestigen.*

FARBTABELLE FÜR DAS SCHMUCKBAND

ORANGE	ZITRONENGELB	HELLZYANBLAU	MITTELGRAS-GRÜN
971	307	996	703

KÜKEN MIT BLUMEN

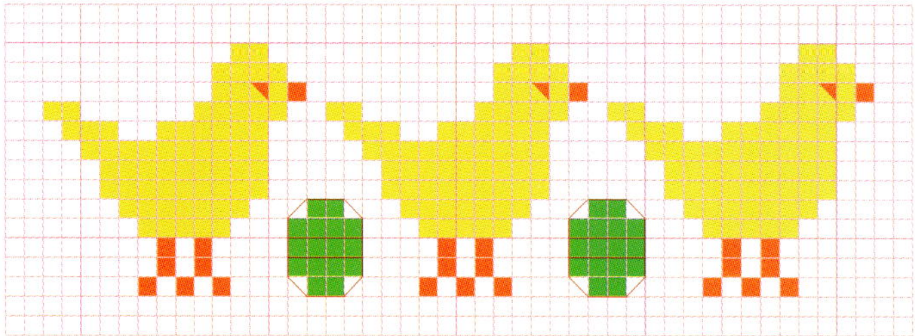

KÜKEN MIT OSTEREIERN

Schmuckbänder eignen sich für runde Kuchen und Torten mit einem trockenen Guß. Sie sind auf jeder Geburtstags- oder Hochzeitstafel ein ungewöhnlicher Blickfang.

Diese fröhliche Ostertorte ist mit Zuckerguß verziert. Neben den Hühnchen können auch Schokoladeneier, Zuckereier etc. für die Dekoration verwendet werden.

Stickbilder und Mustertücher

Altmodische Mustertücher und gestickte Bildchen passen ins ganze Haus. Teddybären entzücken im Kinderzimmer, elegante Blumenmotive eignen sich für die Wohnräume. Fast alle in diesem Buch enthaltenen Mustervorlagen lassen sich auch für kleine Bilder verwenden.

Altmodisches Mustertuch

FARBMUSTER FÜR ROTE ALPHABETE

HELLROT 321
RUBINROT 606
DUNKELROT 815

MATERIAL

Naturweißer Aidastoff (6 Gewebebündel auf 1 cm), 35 x 50 cm

DMC-Sticktwist in: 2 Stränge Rot 606, je 1 Strang Hellrot 321 und Rubinrot 815

Sticknadel Größe 24

Stickrahmen

Dunkles Heftgarn

Nähnadel

Bilderrahmen mit Spannvorrichtung für Stoff, etwa 16 x 33 cm groß

Weißer Karton und starker Karton für die Rückwand

Häkelgarn

Große Nadel mit großem Öhr

Stifte für den Bilderrahmen

Gummierte Papierstreifen

STICKEN

Nähen Sie mit dem Heftgarn eine horizontale und eine vertikale Markierungslinie durch die Stoffmitte. Kennzeichnen Sie die Mitte der Vorlage mit Bleistift.
Eventuell die Vorlagen auf der nächsten Seite kopieren und in der richtigen Reihenfolge zusammenkleben. Den Stoff mit der Mitte in den

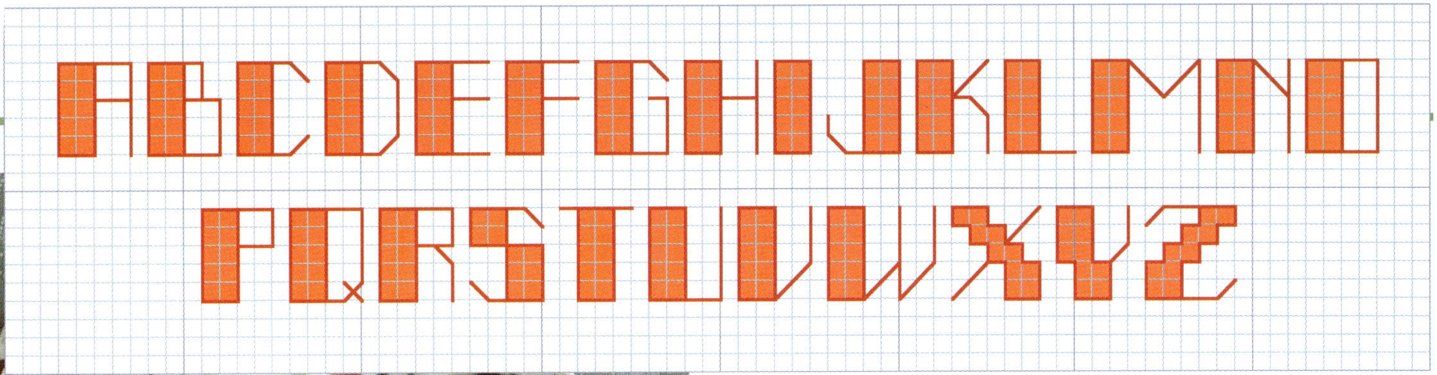

Stickrahmen einspannen (S. 13). Spalten Sie das Stickgarn in je 2 Fäden und sticken Sie das Muster in der Mitte beginnend nach. Jedes Kästchen der Vorlage entspricht einem Kreuzstich.
Anschließend arbeiten Sie die einfachen Stiche, die durch jeweils 2 benachbarte Löcher führen. Auch hier wieder in 2 Fäden gespaltenes Stickgarn verwenden. Beginnen Sie mit den dünnen Buchstaben in geraden Stichen. Umranden Sie zum Schluß die Kreuzstich-Buchstaben wie auf der Vorlage mit einfachen Stichen.

FERTIGSTELLUNG

1. *Legen Sie die fertige Stickerei mit der Rückseite nach oben auf eine weiche Unterlage und bügeln Sie sie vorsichtig mit einem lauwarmen Bügeleisen. Lassen Sie das Gewebe abkühlen.*

2. *Legen Sie die Stickerei mit der Rückseite nach unten über den weißen Karton. Achten Sie darauf, daß sie genau in der Mitte sitzt. Falten Sie die Ränder nach hinten. Halten Sie das Ganze probehalber in den Rahmen. Verändern Sie die Lage eventuell noch, bis die Stickerei richtig im Rahmen sitzt.*

3. *Nehmen Sie den Karton mit dem Stoff wieder heraus und stecken Sie auf der Rückseite den oberen und unteren Saum mit Nadeln fest. Dabei muß der Stoff straff sitzen und darf nicht mehr verrutschen.*

4. *Von links oben beginnend, nähen Sie nun den oberen und unteren Saum mit dem Häkelgarn oder sehr dünner Schnur in sehr großen, langen Stichen zusammen. Sie reichen fast über die ganze Rückseite. Ziehen Sie dabei die Stecknadeln wieder aus dem Stoff.*

5. *Knoten Sie den Anfangsfaden fest. Ziehen Sie die Stiche immer gut an, damit der Stoff glatt auf der Vorderseite sitzt. Verknoten oder vernähen Sie auch das Fadenende gut.*

6. *Wiederholen Sie den Vorgang mit den beiden seitlichen Stoffumschlägen. Falten Sie die Ecken sorgfältig um. Achten Sie darauf, daß die Knickstellen genau senkrecht auf dem Stoff verlaufen.*

7. *Legen Sie den aufgespannten Stoff samt der Glasscheibe in den Rahmen. Auf die Rückseite kommt noch der Rücken. Befestigen Sie das Ganze mit den Stiften wie bei einem normalen Bild. Die Ritze zwischen Rücken und Rahmen wird rundum mit den gummierten Papierstreifen überklebt.*

Die Buchstaben (7 Alphabete) sind in 3 unterschiedlichen Rottönen gestickt. Verwenden Sie einzelne Buchstaben auch als Initialen auf Kleidungsstücken.

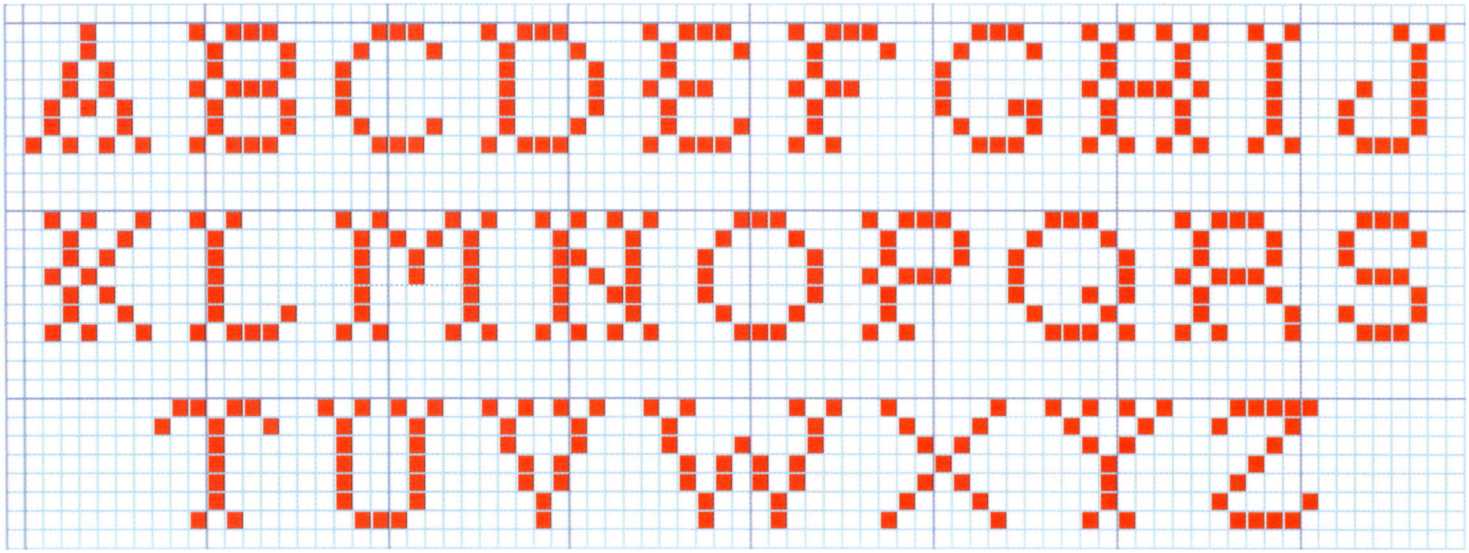

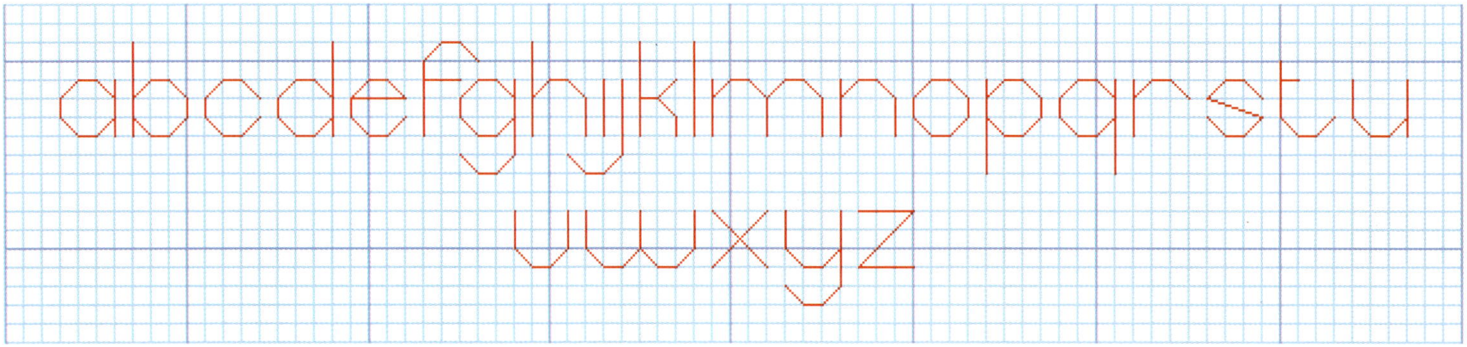

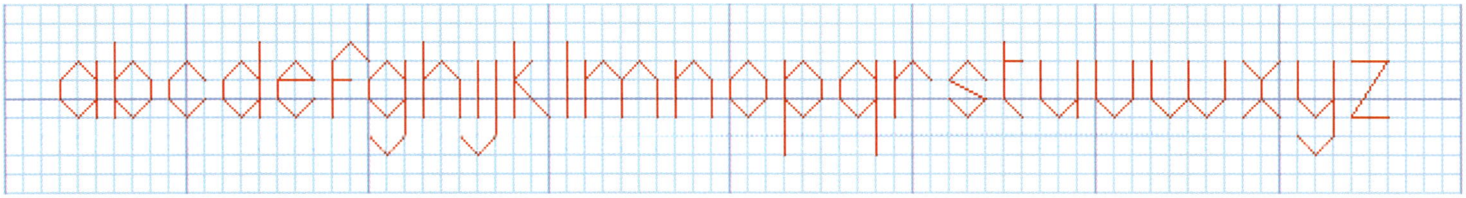

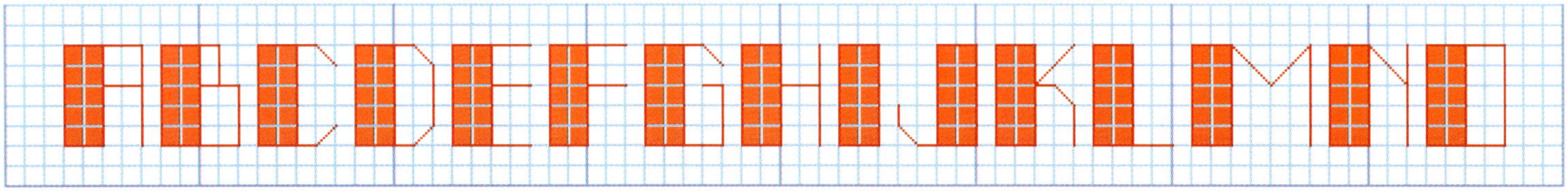

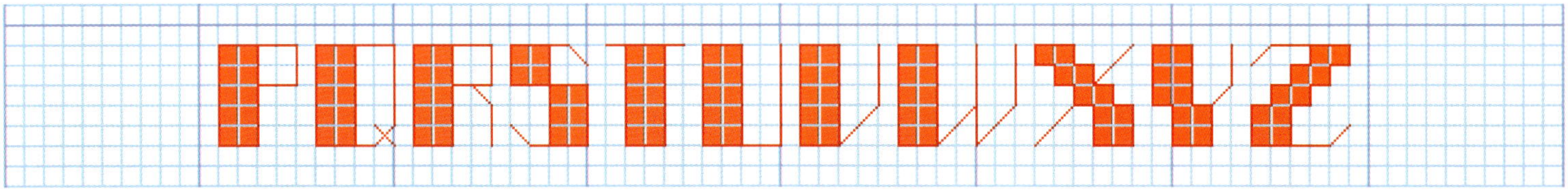

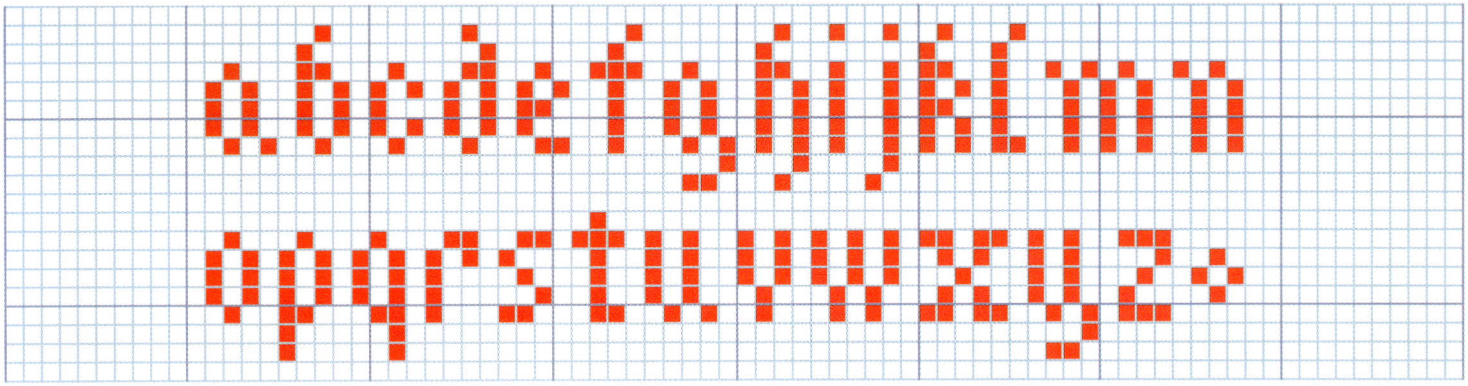

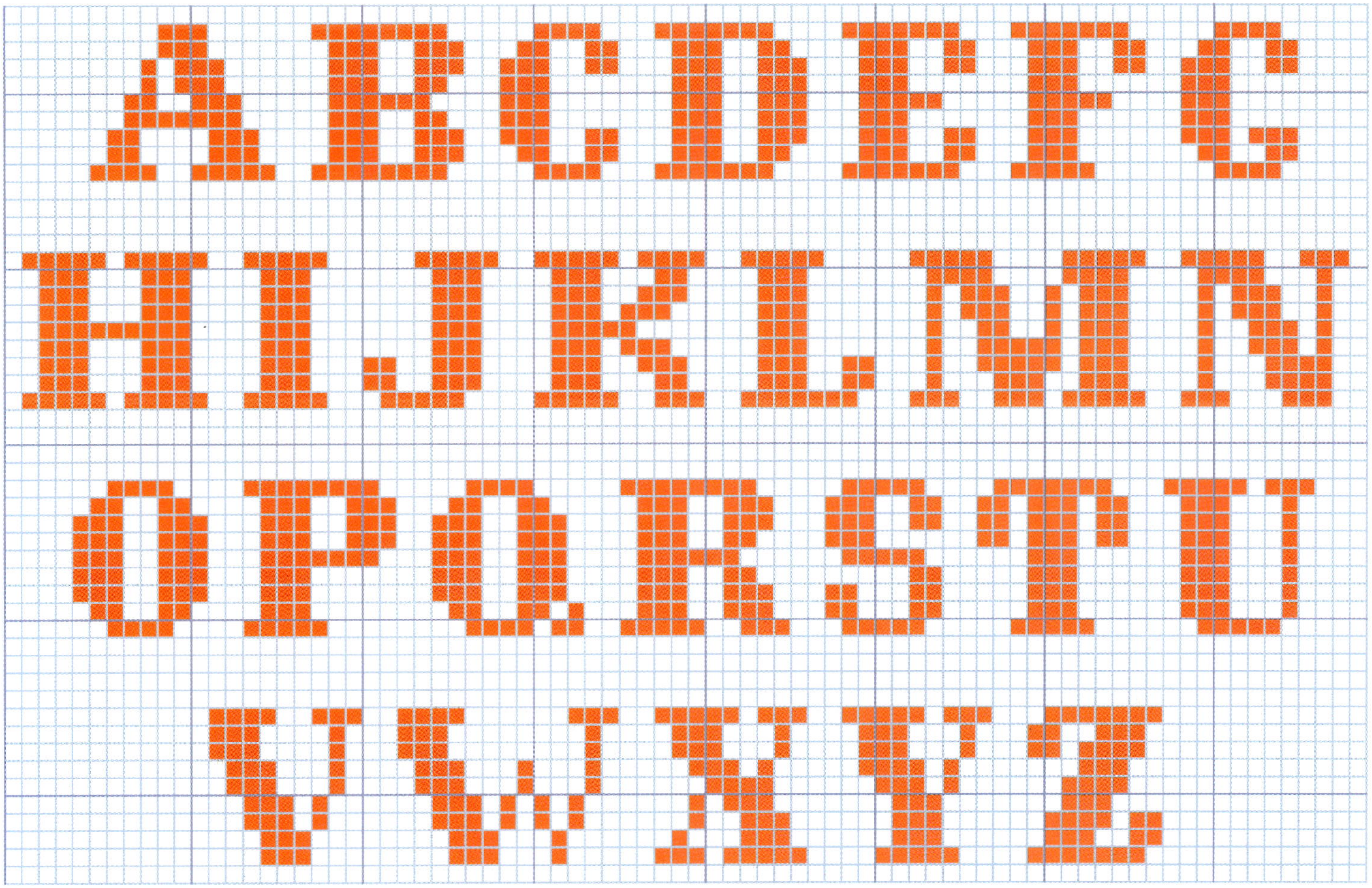

WEITERE BUCHSTABEN FÜR DAS MUSTERTUCH VON S. 66/67

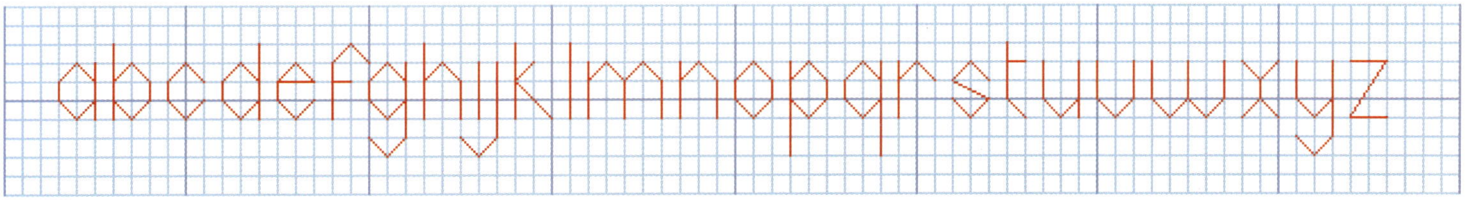

ALPHABET FÜR DIE KRÄUTERSÄCKCHEN AUF S. 22/23

Lieblingsmuster

FARBTABELLE FÜR DAS MUSTERBILD

GELB	BLAU	BLAU	HELLBLAU	TÜRKIS	PFIRSICHFARBEN	ROT	GRÜN	GRÜN	GELBGRÜN
0105	0903	1103	0901	1203	0302	0412	1404	1306	1501
	0903	1103		1203			1404	1306	1501

PINK	ROSA	LILA
0610	0614	0710
0610		0710

MATERIAL

Naturweißer Aidastoff (4 Gewebebündel auf 1 cm), 25 x 30 cm

Je 1 Strang Madeiragarn in: Gelb 0105, Pfirsichfarben 0302, Rot 0412, Pink 0610, Rosa 0614, Lila 0710, Hellblau 0901, Blau 0903, Blau 1103, Türkis 1203, Grün 1306, Grün 1404, Gelbgrün 1501

Sticknadel Größe 24

Stickrahmen

Dunkles Heftgarn

Nähnadel

Fertiges Passepartout mit etwa 12 x 17 cm großem Ausschnitt

20 x 25 cm großer Bilderrahmen mit Papprücken, Stiften zum Rahmen

Steifer weißer Karton in der Größe des Papprückens

Häkelgarn

Große Nadel mit großem Öhr

Stecknadeln mit Glaskopf

Gummierte Papierstreifen

Geometrische und figürliche Lieblingsmotive in leuchtenden Farben sind hier auf einem Mustertuch vereint. Passepartout und Rahmen sollten in zurückhaltenden Farben gewählt werden, damit die Stickerei voll zur Geltung kommt.

STICKEN

Markieren Sie mit einer Reihe horizontaler und vertikaler Heftstiche die Stoffmitte. Kennzeichnen Sie die Mitte der Vorlage mit Bleistift. Spannen Sie den Stoff in der Mitte in einen Stickrahmen ein (S. 13). Arbeiten Sie die Kreuzstiche nach (S. 12). Verwenden Sie in 3 Fäden gespaltenes Garn. Jedes bunte Kästchen der Vorlage entspricht einem vollständigen Kreuzstich auf dem Stoff. Jeder Stich reicht über ein Gewebebündel.

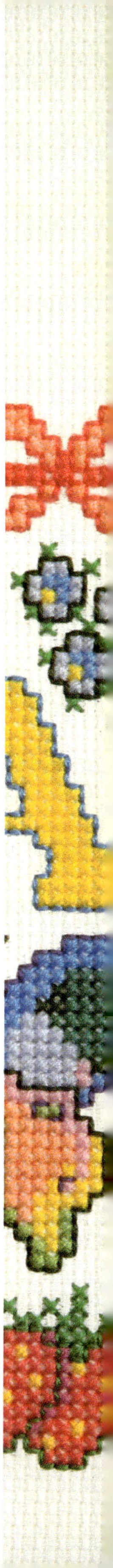

BUNTER MUSTER-MIX

Wenn alle Kreuzstiche gestickt sind, kommen die Details in einfachen Stichen hinzu (S. 12). Sie reichen jeweils über ein Gewebebündel. Schließlich bekommt der Fisch noch sein Auge mit einem Knötchenstich (S. 13) in Dunkelgrün.

FERTIGSTELLUNG

1. *Bügeln Sie das Gewebe auf einer weichen Unterlage mit einem warmen Eisen leicht glatt. Lassen Sie den Stoff abkühlen.*

2. *Legen Sie den Stoff mit der Rückseite nach unten auf den weißen Karton. Falten Sie den oberen und unteren Stoffrand nach hinten um. Die Stickerei sollte genau in der Mitte liegen. Stecken Sie die Säume mit Nadeln fest. Achten Sie darauf, daß die Fäden an den Kanten gerade verlaufen.*

3. *Nähen Sie, links beginnend, mit dem Häkelgarn die umgeschlagene Ober- und Unterkante des Stoffes auf der Rückseite zusammen. Ziehen Sie die Stiche am Schluß nochmals fest und verknoten Sie die Enden. Entfernen Sie beim Arbeiten die Stecknadeln.*

4. *Schlagen Sie die Ecken des Stoffes gut ein und wiederholen Sie die ganze Prozedur mit dem rechten und linken Stoffsaum. Der Stoff sollte fest sitzen und beim Nähen nicht mehr verrutschen. Legen Sie Glas, Stickerei und Rückenplatte in den Rahmen. Befestigen Sie das Ganze mit den Stiften. Überkleben Sie die Ritze zwischen Rahmen und Rückenplatte mit den Papierstreifen.*

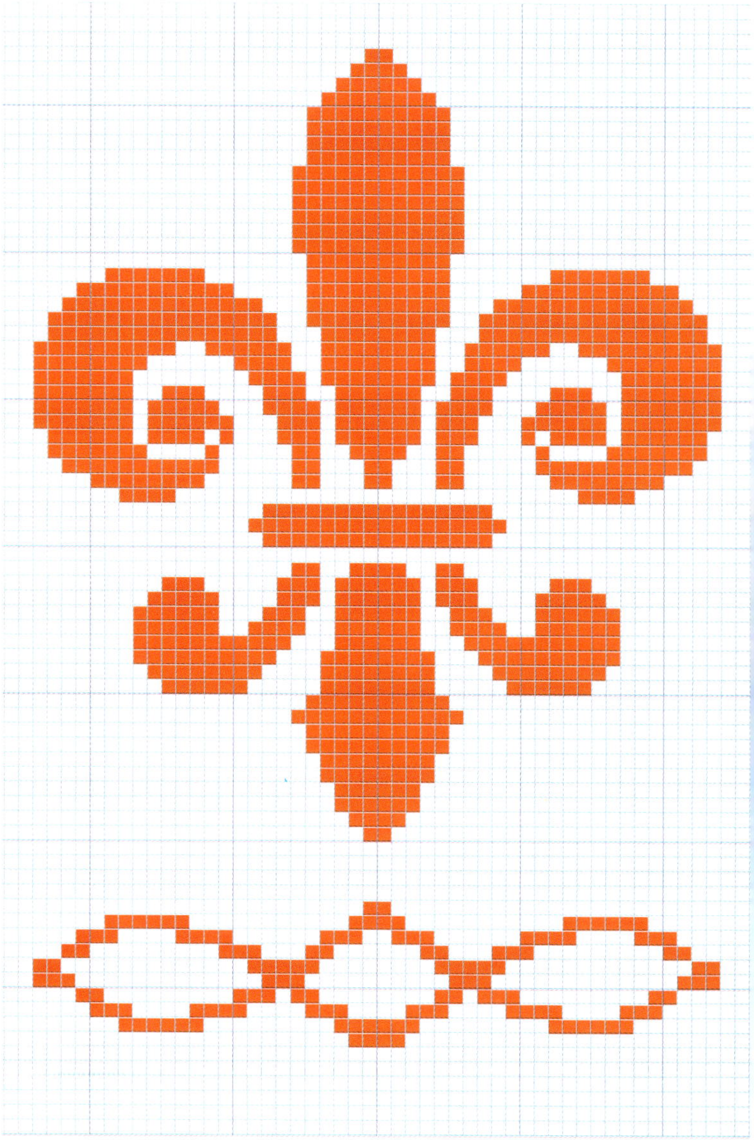

FLEUR-DE-LYS (LILIENMOTIV)

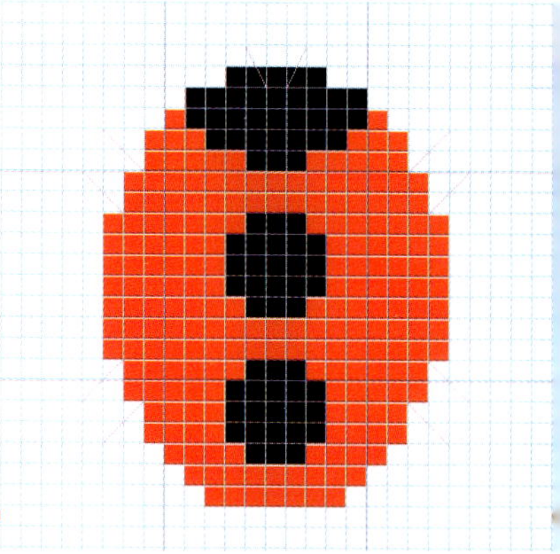

MARIENKÄFER

TEEKANNE

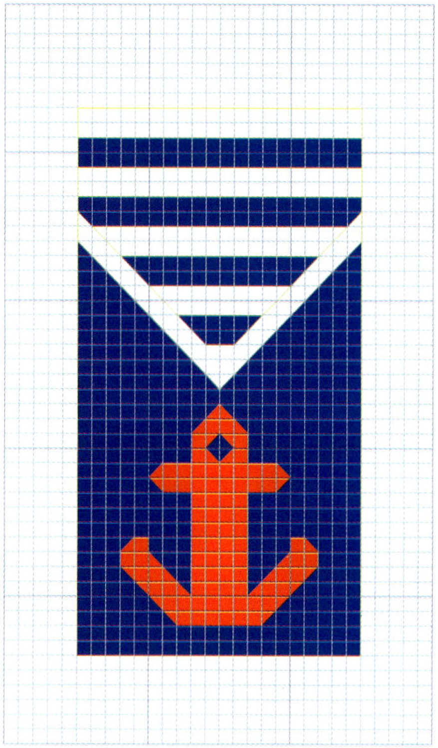

SEGELSCHIFF-LOGO

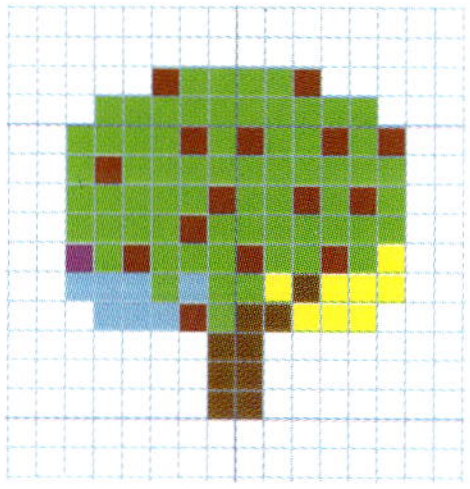

BÄUME

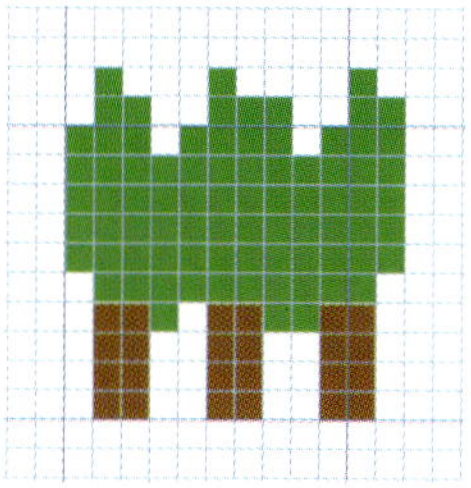

LANDSCHAFT

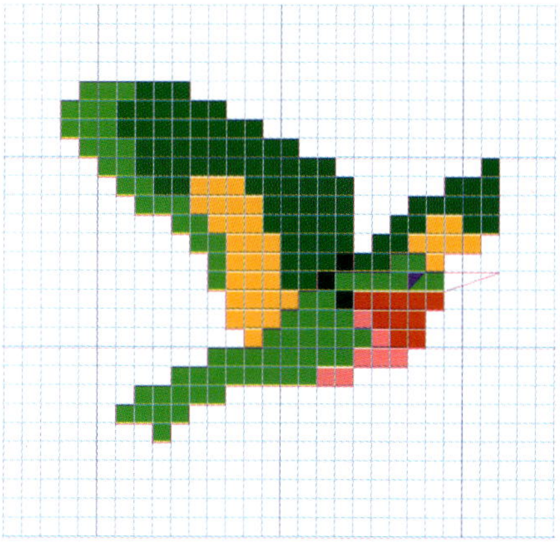

FLIEGENDER VOGEL

Wählen Sie beliebige Muster für Ihr Stickbild. Hier nur einige Anregungen.

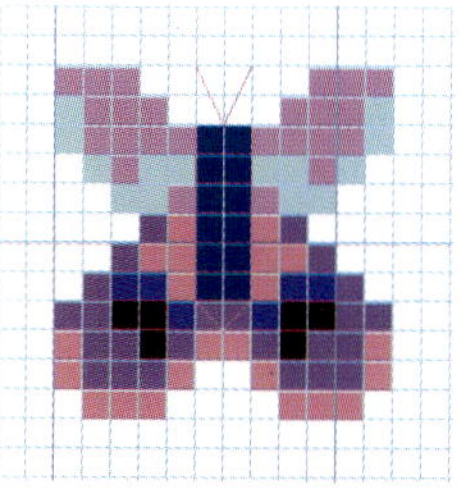

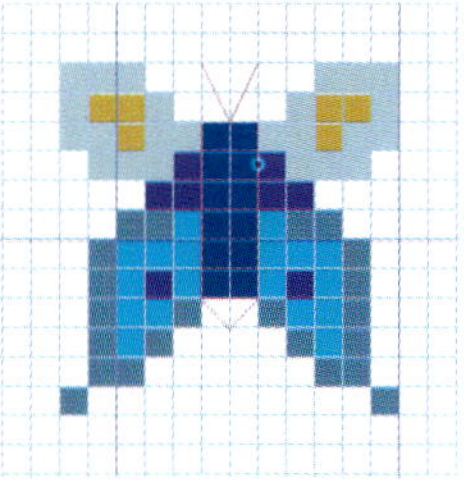

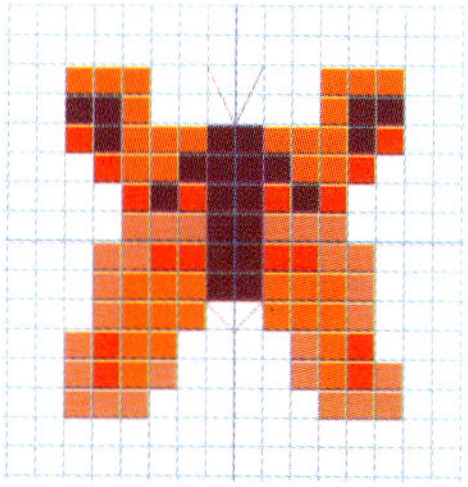

SCHMETTERLINGE

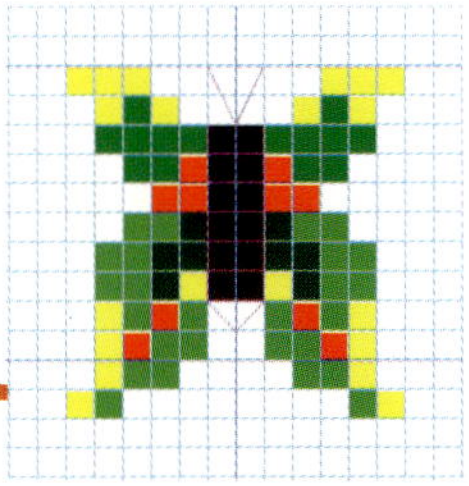

Blütenbilder

FARBTABELLE FÜR DIE BLUMEN

ZARTROSA	PINK	PFIRSICHFARBEN	NATURWEISS	HELLBLAU	GRÜN	GRÜN	BRAUN	BRAUN	GELB
776	962	3824	3823	3811	3816	3814	3826	3828	3822

ROSE BLÄTTER UND HINTERGRUND GÄNSEBLÜMCHEN

MATERIAL

2 Stücke naturweißer Aidastoff (4 Gewebestränge auf 1 cm), je 20 x 20 cm

Je 1 Strang DMC-Sticktwist in: Zartrosa 776, Pink 962, Hellblau 3811, Grün 3814, Grün 3816, Gelb 3822, Naturweiß 3823, Pfirsichfarben 3824, Braun 3826, Braun 3828

Sticknadel Größe 24

Kleiner Stickrahmen

Dunkles Heftgarn

Nähnadel

2 Bilderrahmen aus Messing

2 Bogen weißer Karton in der Größe der Bilderrahmen-Rückwand

Feines Häkelgarn

Große Nadel mit großem Öhr

Stecknadeln mit Glaskopf

STICKEN

Markieren Sie die Mitte der Stoffstücke durch je eine vertikale und horizontale Heftstich-Reihe. Kennzeichnen Sie die Mitte der Vorlage mit Bleistift und spannen Sie ein Stoffstück in den Rahmen ein (S. 13). Spalten Sie das Stickgarn in je 3 Fäden. Sticken Sie das Rosenmotiv – in der Mitte beginnend – in Kreuzstichen nach. Jedes Kästchen der Vorlage bedeutet einen vollständigen Kreuzstich über ein Gewebebündel des Stoffes.
Zum Schluß werden die einfachen Umrißlinien (S. 12) gestickt. Auch hier wieder das Garn in 3 Fäden spalten. Fertigen Sie auf dieselbe Art die zweite Stickerei an.

FERTIGSTELLUNG

1. *Bügeln Sie die fertigen Stickereien auf einer weichen Unterlage von der Rückseite. Das Eisen sollte nicht zu heiß sein. Lassen Sie den Stoff auskühlen.*

2. *Legen Sie eines der Stoffstücke mit der Stickerei nach oben auf den weißen Karton, so daß das Motiv in der Mitte sitzt. Falten Sie den oben überstehenden Rand nach hinten, ohne daß der Stoff verrutscht. Stecken Sie ihn fest. Mit dem unteren Stoffrand verfahren Sie genauso.*

3. *Links oben beginnend, nähen Sie die beiden umgeschlagenen Stoffränder mit großen Stichen zusammen. Achten Sie darauf, daß der Stoff sich nicht mehr verschiebt. Stecknadeln dabei entfernen.*

4. *Falten Sie die Ecken sorgfältig um. Befestigen Sie nun auch die seitlichen Stoffränder auf die beschriebene Weise, so daß der Stoff auf der Vorderseite fest gespannt ist.*

5. *Legen Sie Glas, Stickerei und Rückwand in den Rahmen und befestigen Sie alles (je nach Machart des Rahmens) mit Stiften, Keilen oder Klammern.*

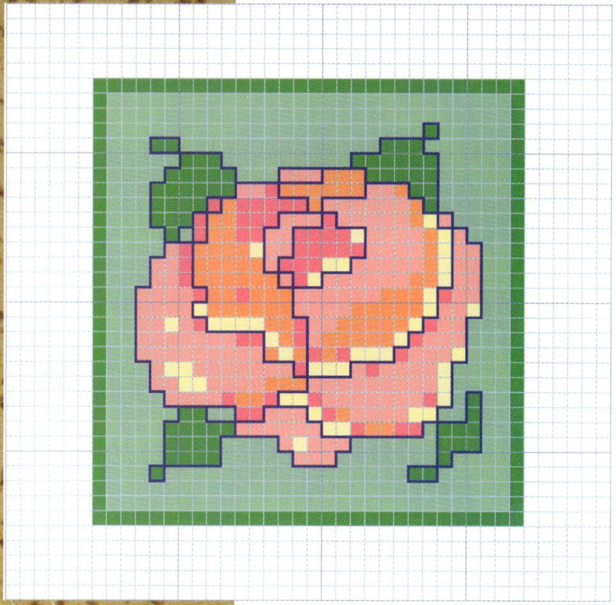

BLÜTENMOTIVE

Paarweise in Messingrahmen aufgestellt wirken die Blütenmotive besonders attraktiv. Hier wurde Stickgarn in Pastellfarben gewählt. Die Motive können aber ebensogut in kräftigeren Schattierungen gestickt werden.

Monogramm

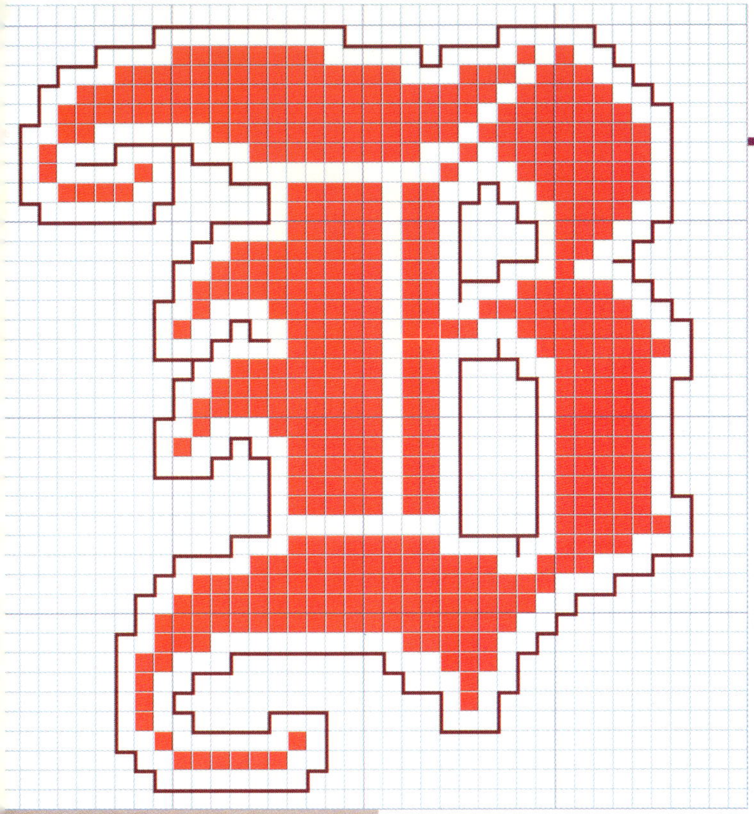

MONOGRAMMBILD

FARBMUSTER FÜR MONOGRAMME

ROT	DUNKELROT
3804	3803

Das persönliche Monogramm in Kreuzstich ist immer ein ausgefallenes Geschenk für gute Freunde. Statt des achteckigen Rahmens können Sie auch einen einfachen rechteckigen wählen.

MATERIAL

Naturweißer Aidastoff (4 Gewebebündel auf 1 cm), 20 x 20 cm

Je 1 Strang DMC-Sticktwist in: Rot 3804, Dunkelrot 3803

Sticknadel Größe 24

Stickrahmen

Dunkles Heftgarn

Nähnadel

Achteckiger kleiner Bilderrahmen

Passepartout mit rundem Ausschnitt, etwa 10 cm Innendurchmesser

Weißer Karton, genau in den Rahmen passend

Feines Häkelgarn

Große Nadel mit großem Öhr

Stecknadeln mit Glaskopf

STICKEN

Markieren Sie mit einer horizontalen und einer vertikalen Linie aus Heftstichen den Mittelpunkt des Stoffes. Spannen Sie den Stoff in den Stickrahmen (S. 13). Kennzeichnen Sie den Mittelpunkt der gewählten Buchstaben-Vorlage mit Bleistift. Spalten Sie das Stickgarn in je 3 Fäden und sticken Sie – in der Mitte beginnend – die Kreuzstiche von der Vorlage nach. Jedes farbige Kästchen entspricht einem ganzen Kreuzstich über ein Gewebebündel. Umrahmen Sie die Buchstaben anschließend mit einfachen Stichen (S. 12). Ein Stich geht jeweils durch 2 benachbarte Löcher.

FERTIGSTELLUNG

1. *Bügeln Sie die fertige Stickerei auf einer weichen Oberfläche leicht von der Rückseite glatt. Lassen Sie den Stoff abkühlen.*

2. *Legen Sie den Stoff mit der bestickten Seite nach oben auf den Karton, so daß der Buchstabe genau in der Mitte steht. Überprüfen Sie den Sitz, indem Sie Passepartout und Stickerei in den Rahmen halten. Falten Sie den oben überstehenden Stoff nach hinten.*

3. *Stecken Sie die Falte mit Nadeln fest. Stecken Sie auch die untere umgeknickte Stoffkante fest. Der Stoff darf sich nicht mehr verschieben.*

4. *Nähen Sie die beiden umgeknickten Kanten mit großen Stichen mit dem Häkelgarn zusammen. Links oben beginnen. Entfernen Sie die Stecknadeln. Zurren Sie die Stiche nochmals gut fest, damit der Stoff stramm sitzt, und verknoten Sie die Fadenenden.*

5. *Wiederholen Sie das Ganze mit den seitlich überstehenden Stoffrändern, nachdem Sie den Stoff an allen Kanten sorgfältig eingefaltet haben. Befestigen Sie auch die Glasplatte, Stickerei und Rückenwand im Rahmen.*

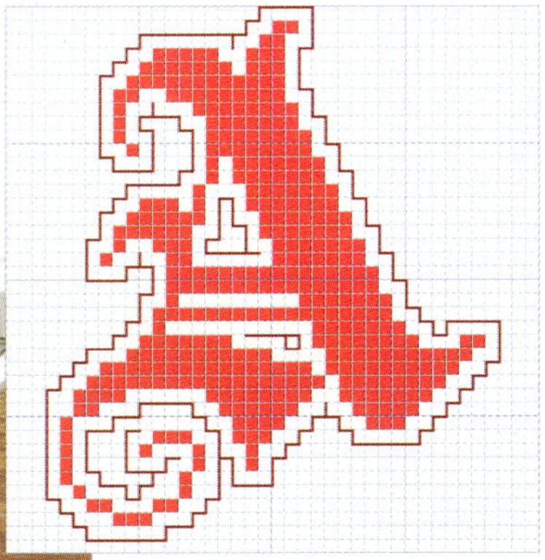

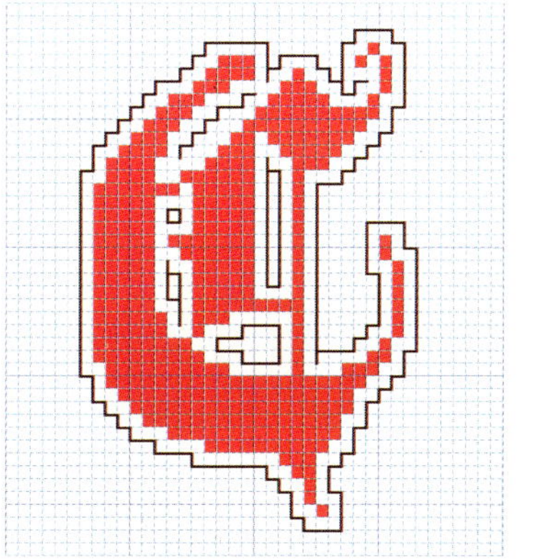

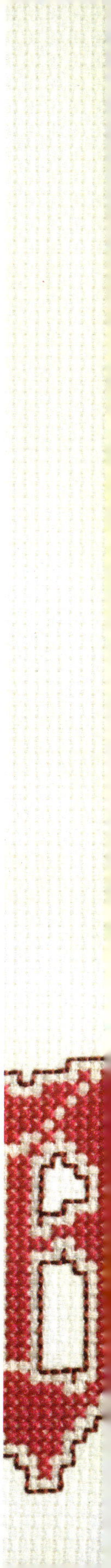

Monogrammbild/Vorlagen

Diese altmodischen Monogramme können alle möglichen Gegenstände verzieren. Denken Sie sich nur eine Tischdecke mit einem bunten Buchstaben-Gewirr – da geht Ihnen der Gesprächsstoff bestimmt nicht aus!

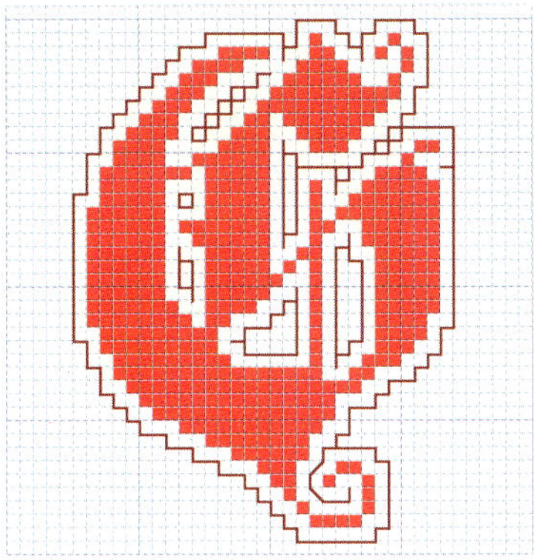
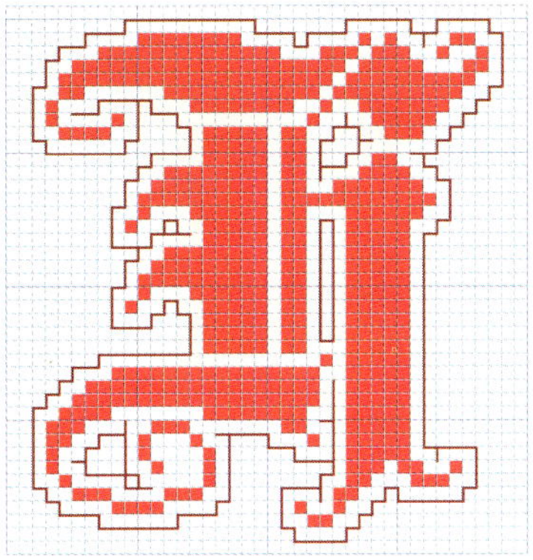
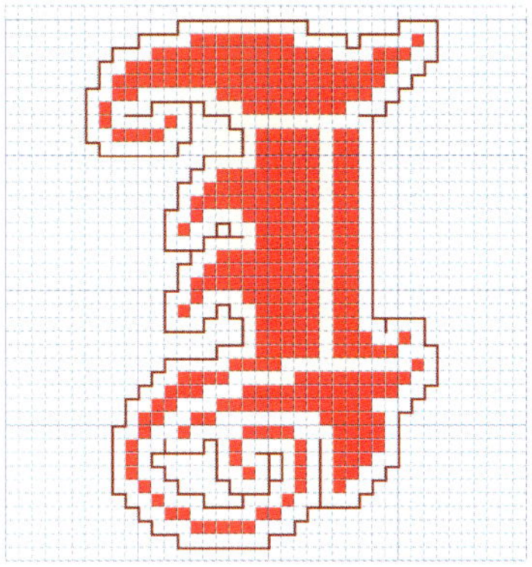
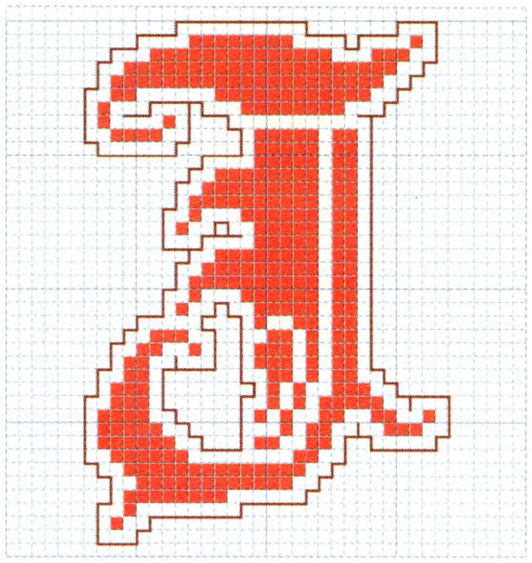
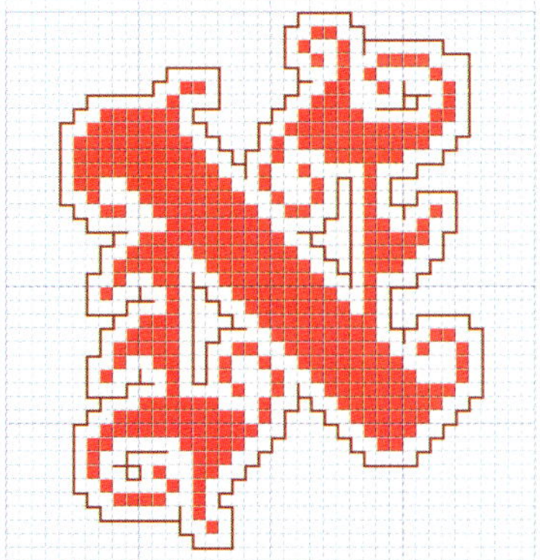
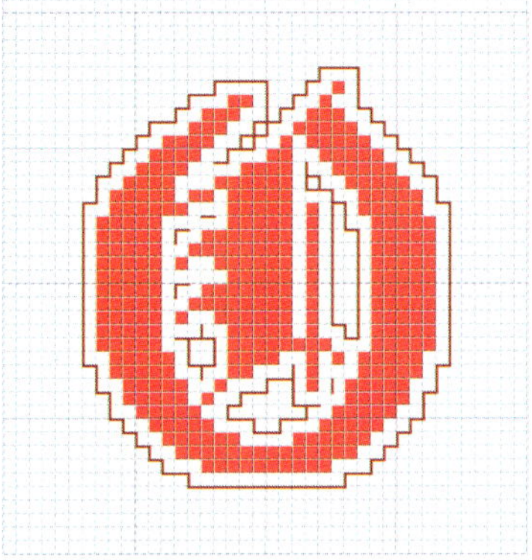
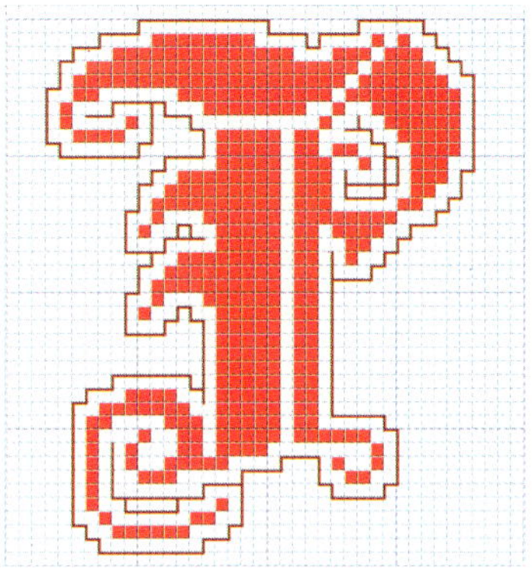
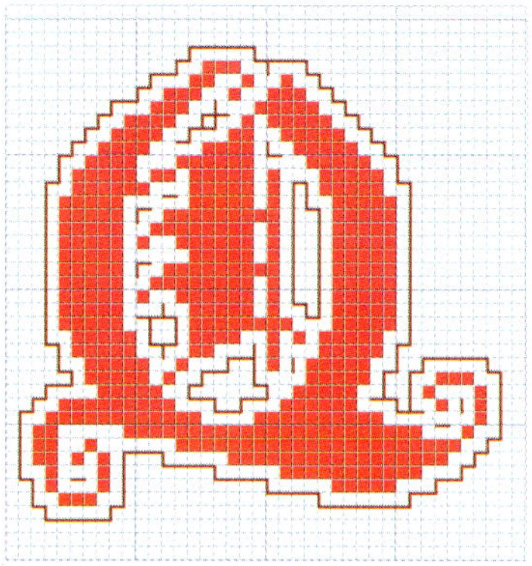
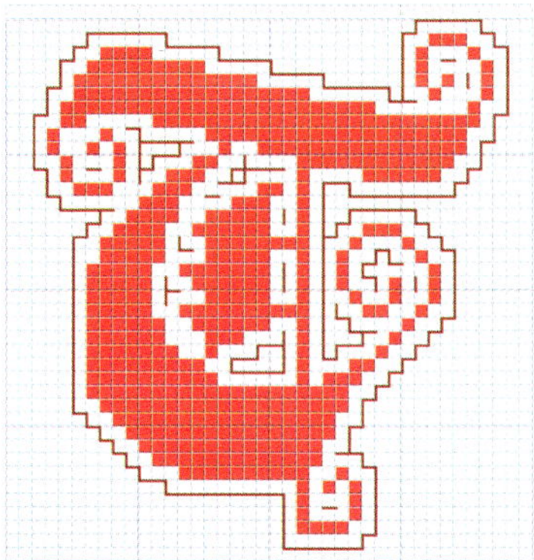
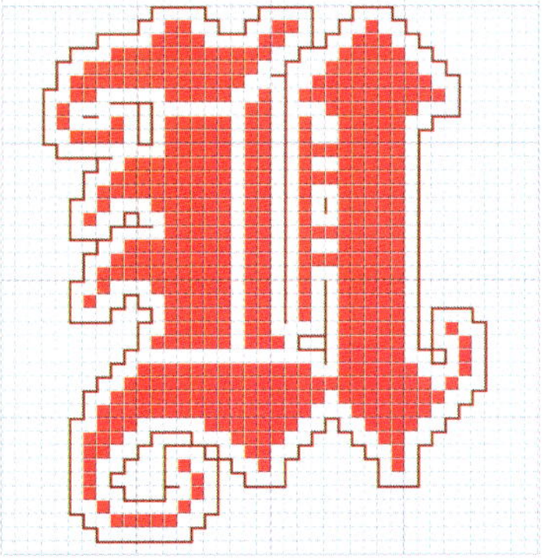
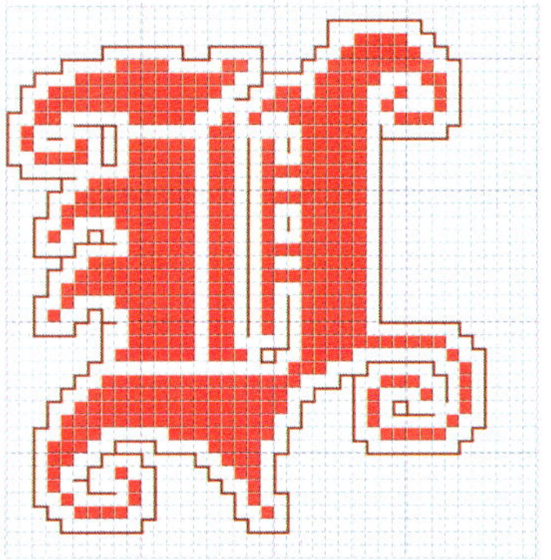
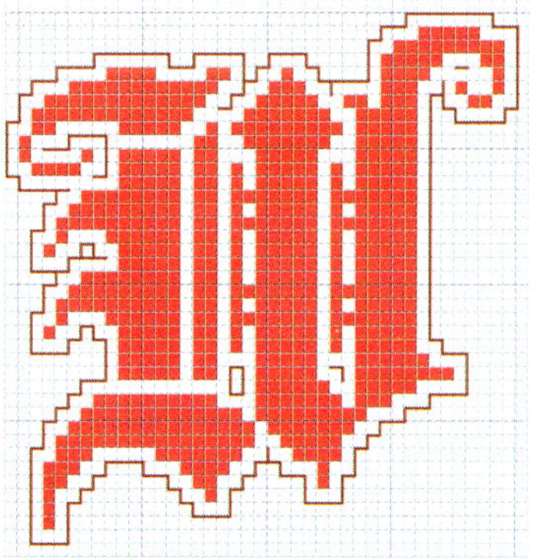
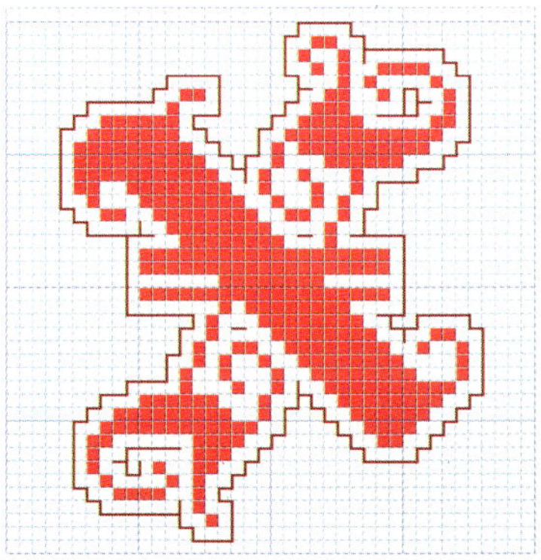
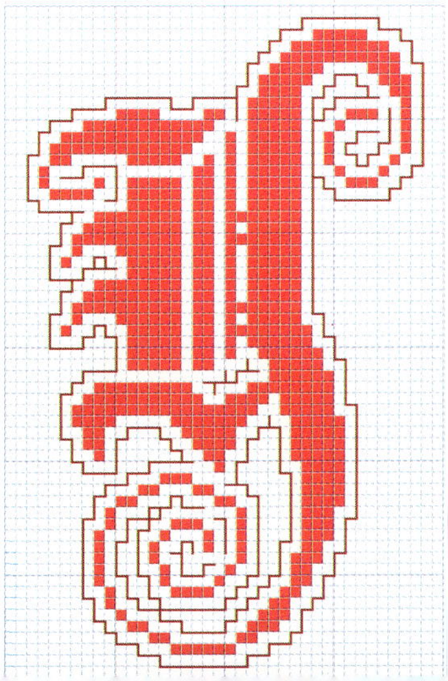
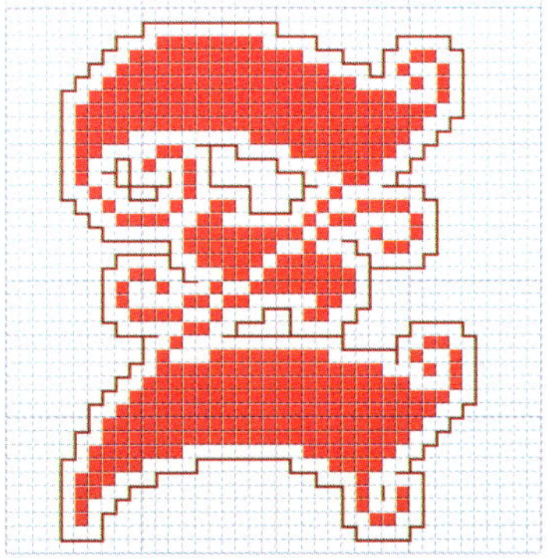

Teddybären

MATERIAL

Naturweißer Aidastoff (6 Gewebebündel auf 1 cm), 25 x 30 cm

DMC-Sticktwist in: 2 Stränge Braun meliert 61; je 1 Strang Weiß, Dunkelgrau 413, Rot 606, Braun 938, Hellzyanblau 996, Rosa 3779

Sticknadel Größe 24

Stickrahmen

Dunkles Heftgarn

Nähnadel

Schlichter Holzrahmen, Innenmaße etwa 12 x 17 cm

Steifer weißer Karton, in den Rahmen passend

Feines Häkelgarn

Große Nadel mit großem Öhr

Stecknadeln mit Glaskopf

Stifte für den Rahmen

Gummierte Papierstreifen

FARBMUSTER FÜR TEDDYBÄREN

HELLZYAN-BLAU	ROSA	DUNKEL-GRAU	WEISS	ROT	BRAUN	BRAUN MELIERT
996	3779	413		606	938	61
		413			938	

STICKEN

Markieren Sie mit einer vertikalen und einer horizontalen Heftstichreihe die Stoffmitte. Kennzeichnen Sie die Mitte der Vorlage mit Bleistift. Spannen Sie den Stoff in den Rahmen (S. 13). Sticken Sie – in der Mitte beginnend – zuerst die Kreuzstiche nach. Verwenden Sie in 3 Fäden gespaltenes Stickgarn. Jedes farbige Kästchen der Vorlage entspricht einem ganzen Kreuzstich über ein Gewebebündel. Zum Schluß werden noch die Details in einfachen Stichen (S. 12) dazugestickt. Sie gehen ebenfalls über je ein Gewebebündel.

Die quietschfidelen Teddybären fürs Kinderzimmer sind in Kreuzstich schnell ausgeführt. Sie könnten auch durch Monogramme oder sonstige Schrift ergänzt werden. Das melierte braune Stickgarn läßt das „Fell“ der Bären lebhafter erscheinen.

TEDDY-BILD FÜRS KINDERZIMMER

FERTIGSTELLUNG

1. *Bügeln Sie die fertige Stickerei auf einer weichen Unterlage mit einem lauwarmen Bügeleisen. Lassen Sie den Stoff abkühlen.*

2. *Legen Sie den Stoff mit der bestickten Seite nach oben auf den Karton, so daß das Muster in der Mitte steht. Passen Sie ihn probehalber in den Rahmen ein. Falten Sie die obere Stoffkante nach hinten. Stecken Sie sie mit Nadeln fest. Ebenso die untere. Verbinden Sie beide Säume auf der Rückseite durch große, lange Stiche mit dem Häkelgarn – links oben beginnend.*

3. *Der Stoff darf während des Arbeitens nicht mehr verrutschen und sollte fest gespannt bleiben. Entfernen Sie beim Nähen die Stecknadeln. Verknoten Sie die Fadenenden sorgfältig, nachdem Sie die Stiche nochmals gut nachgezogen haben.*

4. *Wiederholen Sie den ganzen Vorgang mit den seitlichen Stoffrändern, nachdem Sie die Ecken sorgfältig eingeschlagen haben. Der Stoff auf der Vorderseite ist jetzt fest gespannt. Legen Sie Glasplatte, Stickerei und Rückenplatte in den Rahmen. Befestigen Sie alles mit den Stiften. Die Ritze zwischen Rahmen und Rückenplatte wird mit den Papierstreifen überklebt.*

BÄRENPARTY

Kuschelige Teddybären haben nicht nur unter Kindern ihre Liebhaber. Diese hier sind einfach reizend!

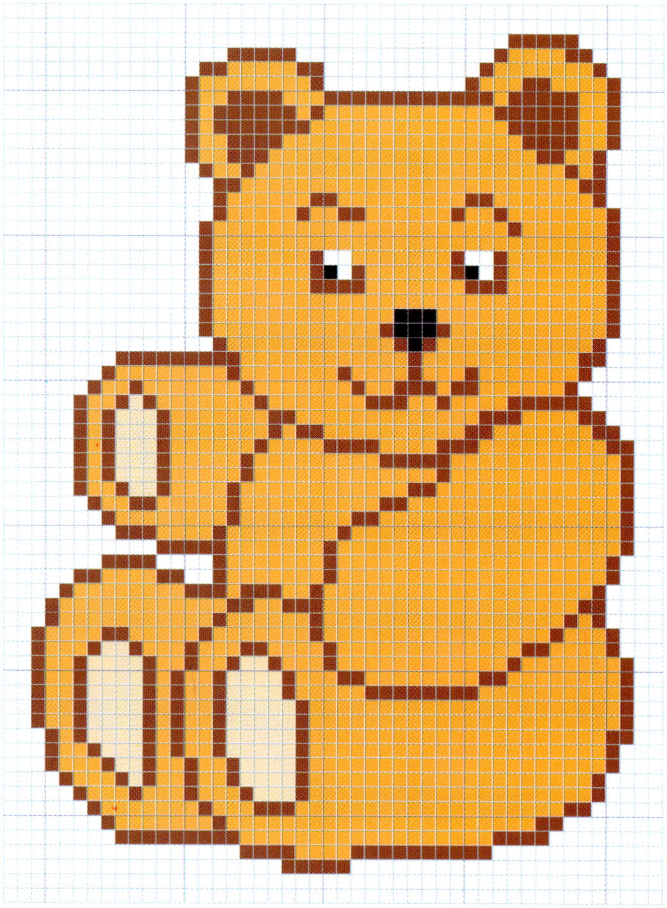

KUSCHELBÄR

Kleine Motive eignen sich zur Verzierung von Kleidung. Die größeren passen auf Tischdecken, Handtücher oder Stickbilder.

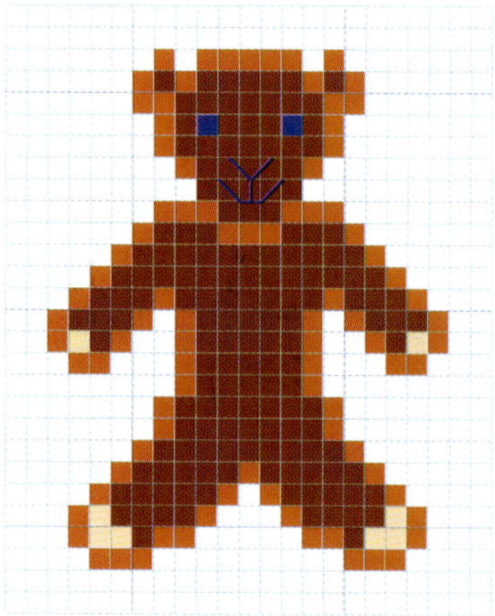

KLEINER TEDDY

TEDDYS GEBURTSTAG

HERZIGE BÄRENGESELLSCHAFT

Material

50 x 60 cm naturweißer Aidastoff

je 1 Strang Blumengarn (oder in einzelne Fäden gespaltener Stricktwist) in: Pfirsich 021, Rosa 037, Gelb 045, Grün 065, Grün 066, Braun 084, Blau 091

Sticknadel Größe 24

großer Stickrahmen

dunkles Heftgarn

Nähnadel

fertiges Passepartout mit Innenmaßen von etwa 27,5 x 34,5 cm

passender Bilderrahmen mit Rückwand

steifer weißer Karton in der Größe der Rückwand

Häkelgarn oder sehr dünne Schnur

große Nadel mit großem Öhr

Stecknadeln mit Glaskopf

Stifte für den Rahmen

gummierte Papierstreifen

Dieses Musterbild wurde traditionellen Blumenbordüren aus dem elisabethanischen England nachempfunden. Es ist mit hauchdünnem Stickgarn in fein abgestimmten Rosa- und Grüntönen ausgeführt.

Sticken

Markieren Sie die Stoffmitte durch eine Reihe horizontaler und vertikaler Heftstiche. Kennzeichnen Sie den Mittelpunkt der Vorlage mit weichem Bleistift. Anschließend wird die Stoffmitte in den Stickrahmen gespannt (S. 13).
Sticken Sie das Muster – in der Mitte beginnend – in Kreuzstichen nach. Jedes Kästchen der Vorlage bedeutet einen vollständigen Kreuzstich über ein Gewebebündel. Die fertigen Bordüren sollten an beiden Seiten jeweils etwa 1,5 cm breiter als der Passepartout-Ausschnitt sein.
Wenn alle Kreuzstiche ausgeführt sind, werden noch die feinen Details in einfachen Stichen ergänzt (S. 12). Auch diese Stiche reichen – gerade oder diagonal – jeweils über ein Gewebebündel. Sie sind in der Vorlage durch schwarze Striche angedeutet, sollten aber in der Farbe der jeweils angrenzenden Kreuzstiche ausgeführt werden.

Fertigstellung

1. Bügeln Sie die fertige Stickerei auf einer weichen Unterlage von der Rückseite, ohne den Stoff zu zerdrücken. Abkühlen lassen.

2. Legen Sie den bestickten Stoff mit der Stickerei nach unten auf den weißen Karton. Ober- und Unterkante des Stoffes werden umgefaltet. Halten Sie das Bild probehalber ins Passepartout. Wenn es gut sitzt, werden die umgeschlagenen Kanten mit Stecknadeln am Karton befestigt. Die Fadenläufe sollten genau parallel zu den Kanten des Kartons liegen.

3. Mit der langen Nadel und dem Häkelgarn werden beide Kanten nun mit sehr großen Stichen verbunden. Links oben beginnen. Beim Arbeiten die Stecknadeln entfernen. Den Garnanfang verknoten. Machen Sie weitere Stiche, bis beide Kanten fest anliegen. Garn immer wieder fest anziehen und am Ende ebenfalls verknoten.

4. Wiederholen Sie den ganzen Vorgang an den beiden seitlichen Kanten, nachdem Sie die Stoffecken sorgfältig eingeschlagen haben. Glas, Passepartout, aufgespanntes Bild und Rücken in den Rahmen legen und das Ganze wie vorgesehen mit feinen Stiften befestigen. Die verbleibende Rille zwischen Rahmen und Rückwand wird mit den gummierten Papierstreifen überklebt.

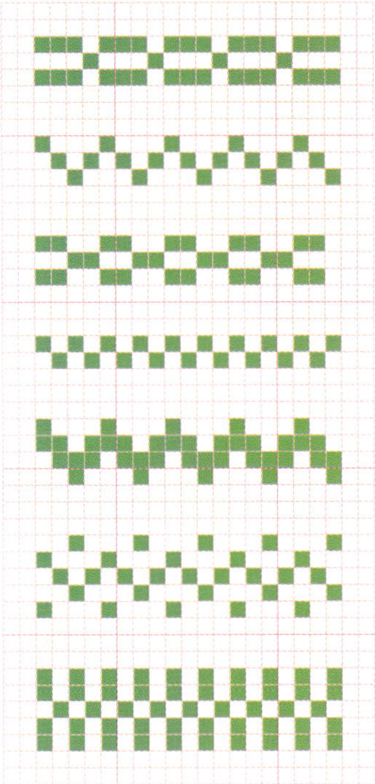

FARBTABELLE FÜR TRADITIONELLE MUSTER

GELB	PFIRSICH	GRÜN	BRAUN	GRÜN	BLAU	BRAUN	FUCHSIA
045	021	066	076	065	091	084	037

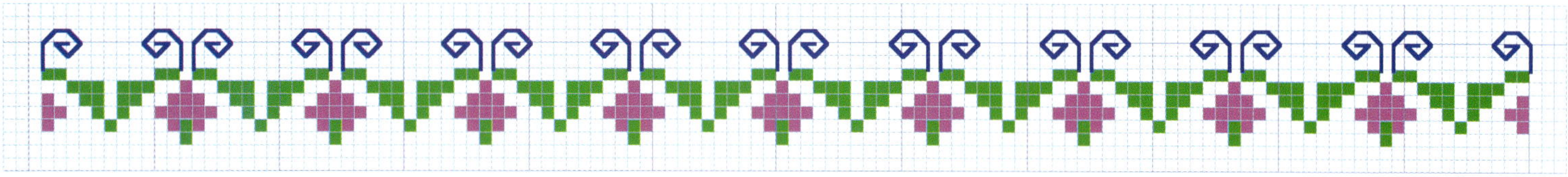

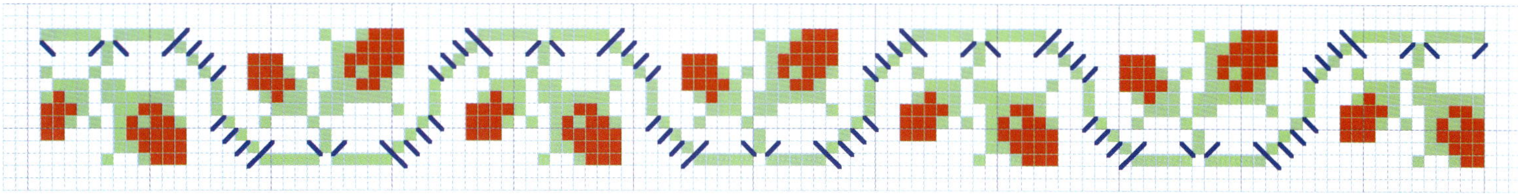

Renaissance-Muster

Feines Bogenmuster

Stilisierte Blumen

Verschiedene Bordürenmuster

Natürlich können Sie einzelne Bordüren des Mustertuches nach Belieben gegeneinander austauschen oder ersetzen. Hier finden Sie weitere Anregungen.

Wenn Sie alle hier gezeigten Bordüren übereinanderlegen (S. 86 eventuell kopieren), ergibt sich ein ganzes Mustertuch aus Elisabethanischer Zeit.

Fotorahmen

MATERIAL

Braunes perforiertes Stickpapier, in den Rahmen passend

Je 1 Strang DMC-Sticktwist in: Hellila 340, Grün 581, Mittelgrasgrün 703, Braun 829, Braun 832, Grün 907, Grün 911, Rost 920, Braun 922, Grün 3818, Gelbgrün 3819

Sticknadel Größe 24

Dunkles Heftgarn

Holzrahmen mit etwa 12 x 17 cm Innenmaßen

Steifer schwarzer Karton und Rücken in der Größe des Rahmens

Klebeband

Scharfe Schere

STICKEN

Markieren Sie durch eine vertikale und eine horizontale Heftstich-Reihe die Mitte des Papiers. Kennzeichnen Sie die Mitte der Vorlage mit Bleistift. Mit in je 3 Fäden gespaltenem Stickgarn arbeiten Sie anschließend die Kreuzstiche nach (S. 12). Jedes farbige Kästchen der Vorlage entspricht einem Kreuzstich über einen „Faden“ des Papiers.

FERTIGSTELLUNG

1. *Schneiden Sie mit der Schere vorsichtig den inneren Rahmen für das Foto aus dem Papier. Es bleibt eine unbestickte „Faden“-Reihe stehen.*

2. *Legen Sie den Papierrahmen auf den schwarzen Karton und markieren sie in etwa den Ausschnitt.*

3. *Legen Sie das Foto darauf und den Rahmen darüber, so daß das Foto gut zu sehen ist.*

4. *Kleben Sie das Foto, ohne es nochmals zu verrutschen, mit Klebeband auf den Karton (nur an den Ecken befestigen).*

5. *Legen Sie Glasplatte, Stickerei und Rückwand in den Rahmen. Schließen und befestigen Sie das Ganze, je nach Machart des Rahmens, mit Klammern, Metallschienen oder Stiften.*

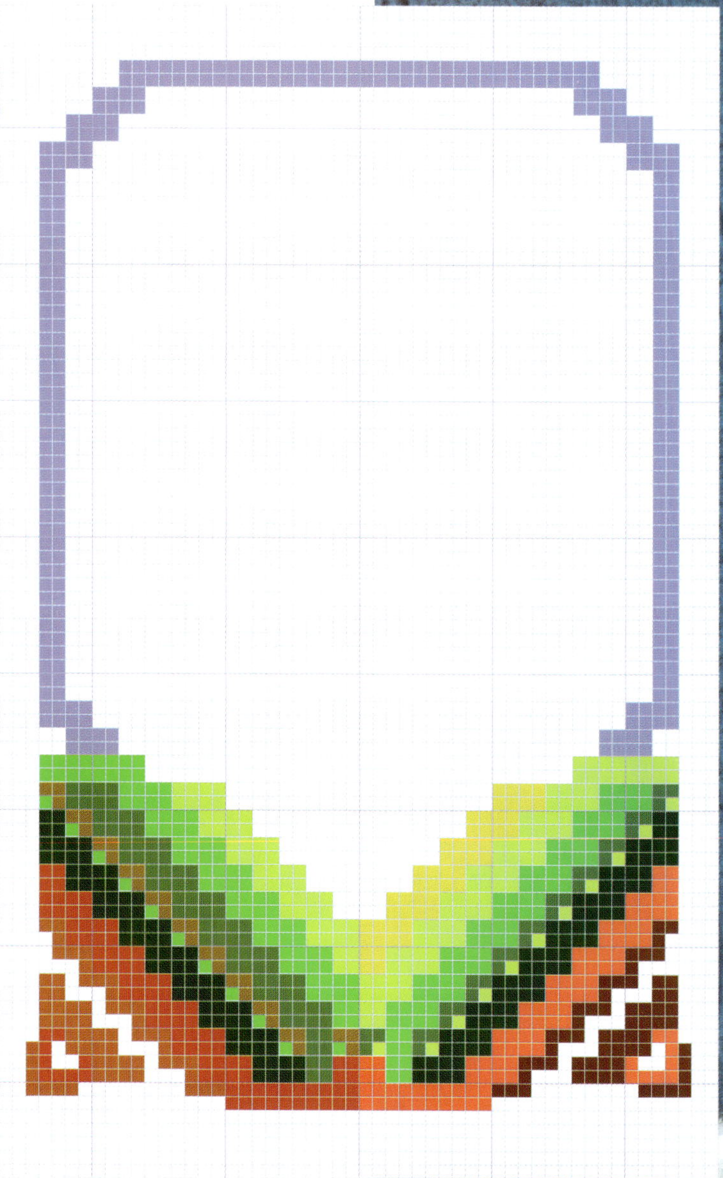

FOTORAHMEN

Die würdige Umrahmung läßt das alte Foto in neuem Glanz erscheinen. Die verblichenen Farben und bunten Kreuzstiche ergeben einen reizvollen Kontrast. Benutzen Sie zum Ausschneiden des Rahmens eine sehr scharfe Schere.

FARBTABELLE FÜR DEN FOTORAHMEN

BRAUN	BRAUN	ROST	BRAUN	HELLILA	GRÜN	GRÜN	MITTELGRAS-GRÜN	GRÜN	GRAUGRÜN	GELBGRÜN
829	832	920	922	340	911	907	703	3818	581	3819

Pfiffige Accessoires

Verleihen Sie Ihrer Kleidung durch aufgestickte Details, gestickte Knöpfe oder Broschen das gewisse Etwas. Mit ein wenig Übung verzieren Sie auch Blusen, Kragenaufschläge und Kleider. Auch andere kleine Gegenstände wie Taschentücher bekommen durch die Stickerei eine persönliche Note.

Schöne Knöpfe

MATERIAL

Reste von naturweißem Aidastoff (4 oder 7 Gewebebündel auf 1 cm)

1 Strang DMC-Sticktwist Dunkelgrau 413

Sticknadel Größe 26

22 und 29 mm große Messingknöpfe mit Einspannvorrichtung für Stoff

Schwarzer Filzstift mit feiner Spitze

VORBEREITUNGEN

1. *Legen Sie die Stoffstücke auf den Tisch. Nehmen Sie die Rückenscheibe aus einem der Knöpfe. Auf den Stoff legen, die Umrißlinie mit Filzstift markieren. Die Linie wird später ausgeschnitten.*

2. *Bereiten Sie Stoffstücke für alle Knöpfe vor. Markieren Sie die Mitte jeder Stickvorlage mit Bleistift.*

STICKEN

Arbeiten Sie die Vorlagen in Kreuzstich nach (S. 12). Sticken Sie von der Mitte nach außen, bis Sie die Randlinie erreicht haben.
Jedes Kästchen der Vorlage entspricht einem kompletten Kreuzstich über ein Gewebebündel.
Spalten Sie das Stickgarn für die kleinen Knöpfe in jeweils 2 Fäden, für die großen Knöpfe in jeweils 3 Fäden.

FERTIGSTELLUNG

1. *Bügeln Sie die fertigen Stickereien auf einer weichen Unterlage auf der Rückseite leicht glatt, ohne daß die Stiche plattgedrückt werden.*

2. *Schneiden Sie den Stoff entlang der markierten Filzstiftlinien aus. Bauen Sie den Knopf wie vom Hersteller vorgesehen zusammen: Legen Sie alle Schichten mit der Stickerei zuoberst zusammen, stecken Sie sie in den Metallrahmen und schließen Sie ihn. Drücken Sie die Rückenplatte gut zu.*

Die in Dunkelgrau ausgeführten geometrischen Kreuzstichmuster wirken im Messingrahmen besonders elegant. Andere Wirkungen erreichen Sie, indem Sie groberen oder feineren Stoff, dickeren oder dünneren Faden oder andere Knopf-Formen wählen.

FARBTABELLE FÜR KNÖPFE

■ DUNKELGRAU 413

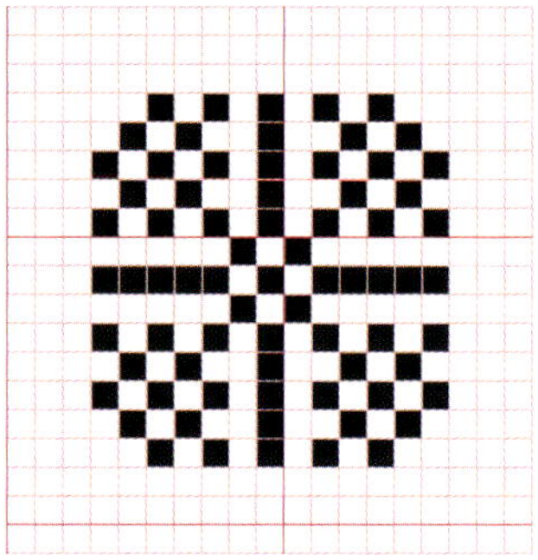

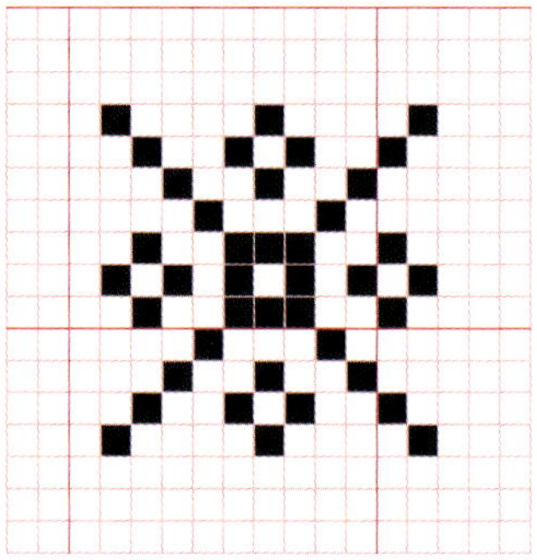

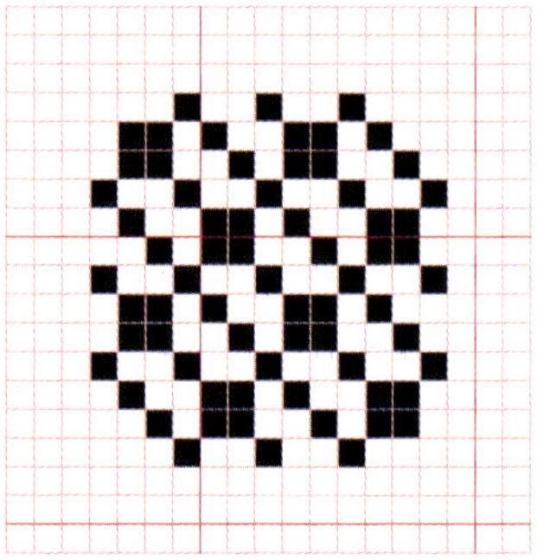

Sticken Sie alle Knöpfe gleich oder jeden anders. Oder probieren Sie die Muster in anderen Farben aus. Wie unten gezeigt, lassen sich auch zwei Farbtöne kombinieren.

Erdbeer-Kleidchen

MATERIAL

Pro Erdbeere 6 x 6 cm große Stücke Canevasstoff

DMC-Sticktwist in: Zitronengelb 307, Rot 606, Grasgrün 702 (1 Strang pro Farbe reicht für etwa 12 Erdbeeren)

Sticknadel mit Spitze Größe 8

Helles Heftgarn

Steck- und Nähnadeln

Kinderkleidchen aus Jeansstoff

VORBEREITUNGEN

1. *Stecken Sie die Canevas-Stücke gleichmäßig auf die Vorderseite des Kleidchens und die Ärmel. Wenn Ihnen die Anordnung gefällt, heften Sie sie fest. Mit ein paar weiteren Heftstichen markieren Sie jeweils die Stoffmitte.*

2. *Ordnen Sie nun auch auf der Rückseite Stoffstücke an. Markieren Sie die Mitte der beiden Erdbeer-Vorlagen mit Bleistift.*

STICKEN

Spalten Sie das Stickgarn in je 3 Fäden auf. Arbeiten Sie die beiden Erdbeer-Vorlagen in Kreuzstich (S. 12) auf dem Canevasstoff nach (durch beide Stofflagen sticken!). Jedes farbige Kästchen der Vorlage entspricht einem vollständigen Kreuzstich über ein Fadenkreuz.

Das Kinderkleidchen bekommt durch die leckeren Erdbeeren zusätzlich Farbe und Witz. Die Motive sind schnell gestickt.
Führen Sie die Stiche immer gleichzeitig durch den Kleiderstoff und die Canevas-Unterlage.

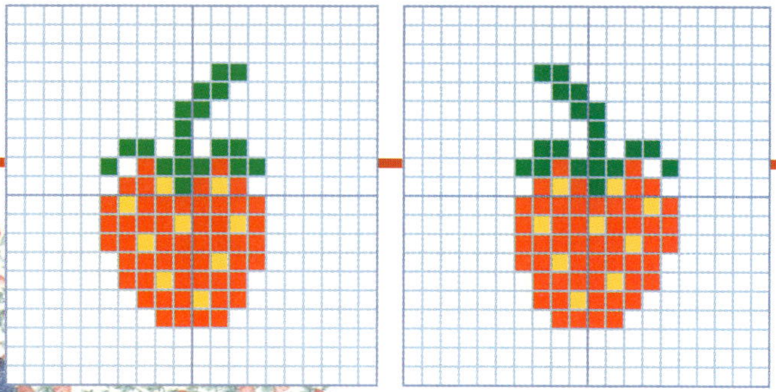

ERDBEERMOTIVE

FARBTABELLE FÜR DIE ERDBEEREN

ROT	ZITRONEN-GELB	GRASGRÜN
606	307	702

FERTIGSTELLUNG

1. *Bügeln Sie die fertigen Stickereien vorsichtig.*

2. *Ziehen Sie mit Hilfe einer Pinzette die Canevas-Fäden vorsichtig einzeln aus.*

Auch Servietten oder Taschentücher lassen sich gut mit ähnlichen Früchten besticken. Rechts sehen Sie noch weitere Vorlagen.

ÄPFEL

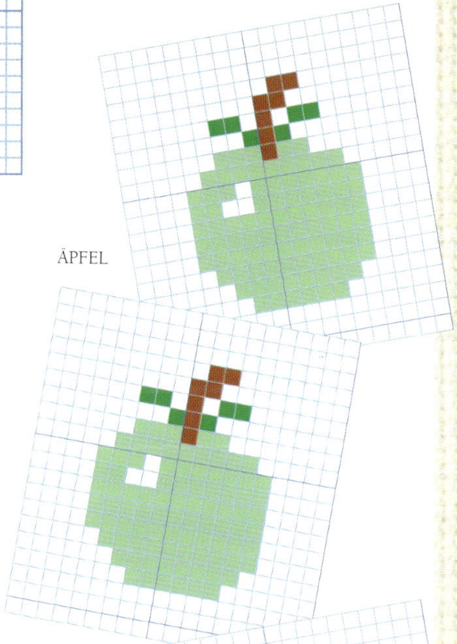

KIRSCHEN

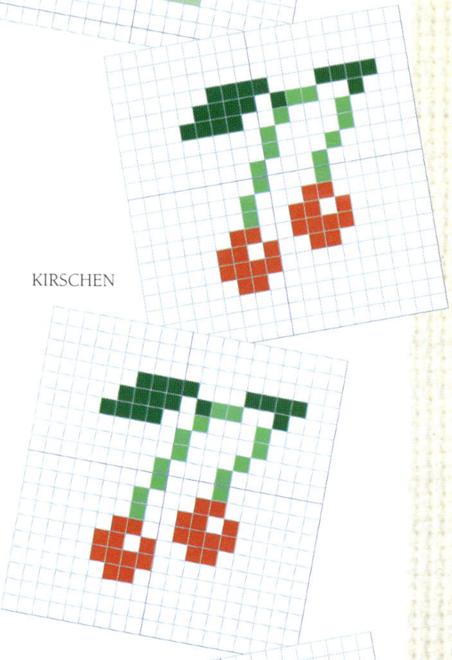

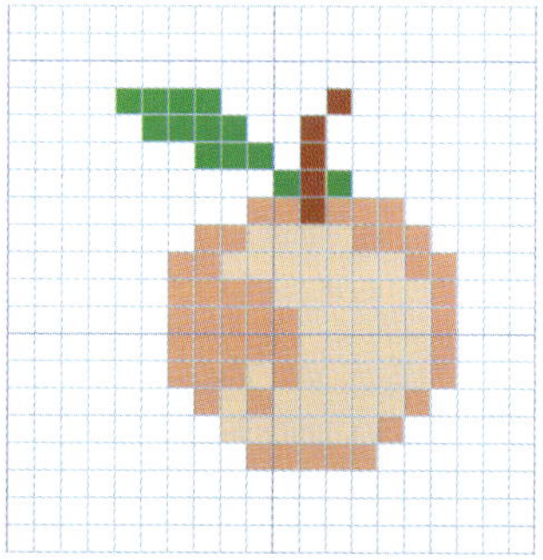

PFLAUMEN

Küchenschürze

MATERIAL

Naturweißer Aidastoff
(6 Gewebebündel auf 1 cm),
16 x 16 cm

Je 1 Strang DMC-Sticktwist in:
Hellrot 321, Rotbraun 351, Rot 606,
Hellgrasgrün 704, Orange 741,
Grün 911, Naturweiß 3823,
Goldbraun 3828

Sticknadel Größe 26

Dunkles Heftgarn

Schnitt für eine Schürze

Rot-Weißer Karostoff (Baumwolle)

Rotes Schräg- oder Nahtband zum Einfassen

Rotes und weißes Nähgarn

STICKEN

Markieren Sie die Mitte des Aidastoffes durch eine Reihe horizontaler und vertikaler Heftstiche. Kennzeichnen Sie die Mitte der Stickvorlage mit Bleistift. Spannen Sie den Stoff in den Stickrahmen ein (S. 13) und sticken Sie – in der Mitte beginnend – das Gemüse-Muster von der Vorlage in Kreuzstichen (S. 12) nach. Der Sticktwist wird in jeweils 2 Fäden gespalten. Jedes farbige Kästchen der Vorlage bedeutet einen kompletten Kreuzstich über ein Gewebebündel. Anschließend werden die Muster durch einfache Stiche komplettiert (S. 12). Jeder Stich reicht über ein Gewebebündel.

RETTICH UND RADIESCHEN

Appetitliche Gemüse prangen in satten Farben auf der Schürzentasche. Die Schürze selbst ist nach einem einfachen Schnitt gefertigt und nur mit Schrägband ringherum umsäumt. Dieses Schmuckstück ist fast zu schade zum Benutzen.

FARBTABELLE FÜR DIE SCHÜRZENTASCHE

GOLDBRAUN	NATURWEISS	ORANGE	HELLROT	ROT
3828	3823	741	321	606
3828			321	

ROTBRAUN	HELLGRASGRÜN	GRÜN
351	704	911

SCHÜRZENTASCHE

PAPRIKASCHOTE

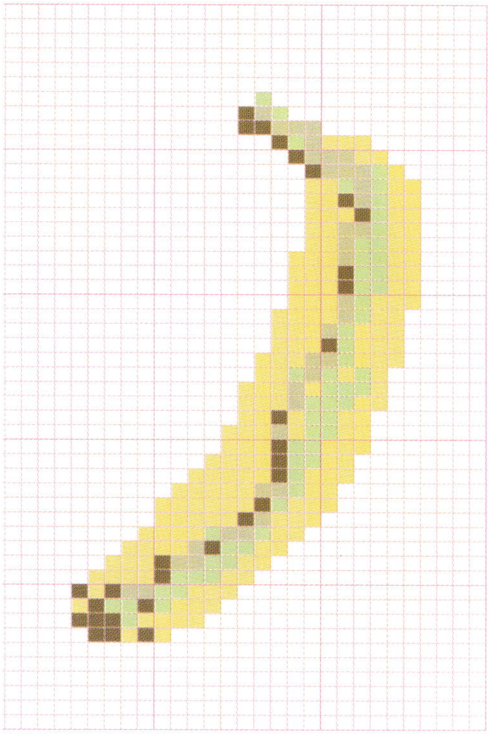

BANANE

FERTIGSTELLUNG

1. *Bügeln Sie die fertige Stickerei auf einer weichen Unterlage von der Rückseite, ohne die Stichte zu sehr zu plätten.*

2. *Stecken Sie den Schürzenschnitt auf den Karostoff und schneiden Sie die Umrisse aus. Säumen Sie die Oberkante der Stickerei mit dem Schrägband. Falten Sie die restlichen 3 Seiten zu einem etwa 1,5 cm breiten Saum nach hinten um. Heften Sie die Tasche auf die Schürze.*

3. *Säumen Sie sämtliche Kanten der Schürze mit Schrägband – zuerst die Armeinbuchtung, dann die Oberkante und schließlich den Rest.*

4. *Nähen Sie die Bänder an Nacken und Rücken aus in der Mitte gefaltetem Schrägband mit der Maschine. Befestigen Sie alles an der Schürze.*

5. *Prüfen Sie nochmals den Sitz der aufgesteckten Tasche. Nähen Sie sie mit passendem Nähgarn mit der Maschine auf.*

BLUMENKOHL

ERBSEN

WEINTRAUBEN

Die Schürzentasche könnte auch mit anderen Obst- oder Gemüsemotiven verziert werden. Außerdem eignen sich die Vorlagen für weitere Küchengegenstände wie Geschirrtücher, Topflappen etc.

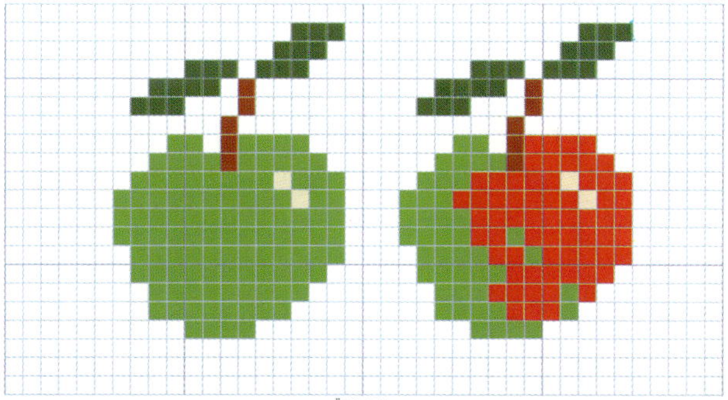

ÄPFEL

Taschentücher

MATERIAL

6 x 6 cm große Stücke Canevasstoff für jedes Motiv

1 Strang DMC-Sticktwist in Dunkelblau 3807 (reicht für mehrere Monogramme)

Sticknadel mit Spitze Größe 9

Helles Heftgarn

Steck- und Nähnadeln

Weiße Leinentaschentücher

VORBEREITUNGEN

1. *Stecken Sie ein Stück Canevas auf eine Ecke des Taschentuchs. Heften Sie den Stoff an und markieren Sie die Mitte mit ein paar Heftstichen.*

2. *Markieren Sie die Mitte der gewählten Vorlage mit Bleistift.*

STICKEN

Sticken Sie die Vorlagen in Kreuzstichen nach (S. 12). Das Garn ist in je 2 Fäden gespalten. Beginnen Sie in der Mustermitte. Jedes Kästchen der Vorlage entspricht einem kompletten Kreuzstich über 2 vertikale und 2 horizontale Fäden des Canevasstoffs.

FARBTABELLE FÜR DIE TASCHENTÜCHER

3807	DUNKELBLAU

FERTIGSTELLUNG

1. *Bügeln Sie die fertige Stickerei auf einer weichen Unterlage von der Rückseite, ohne die Stiche zu sehr zu plätten.*

2. *Ziehen Sie mit Hilfe einer Pinzette die Canevas-Fäden einzeln aus (S. 13).*

Stofftaschentücher aus zartem Leinenstoff können sich sehen lassen – besonders, wenn sie mit altmodischen Initialen geschmückt sind.

INITIALEN

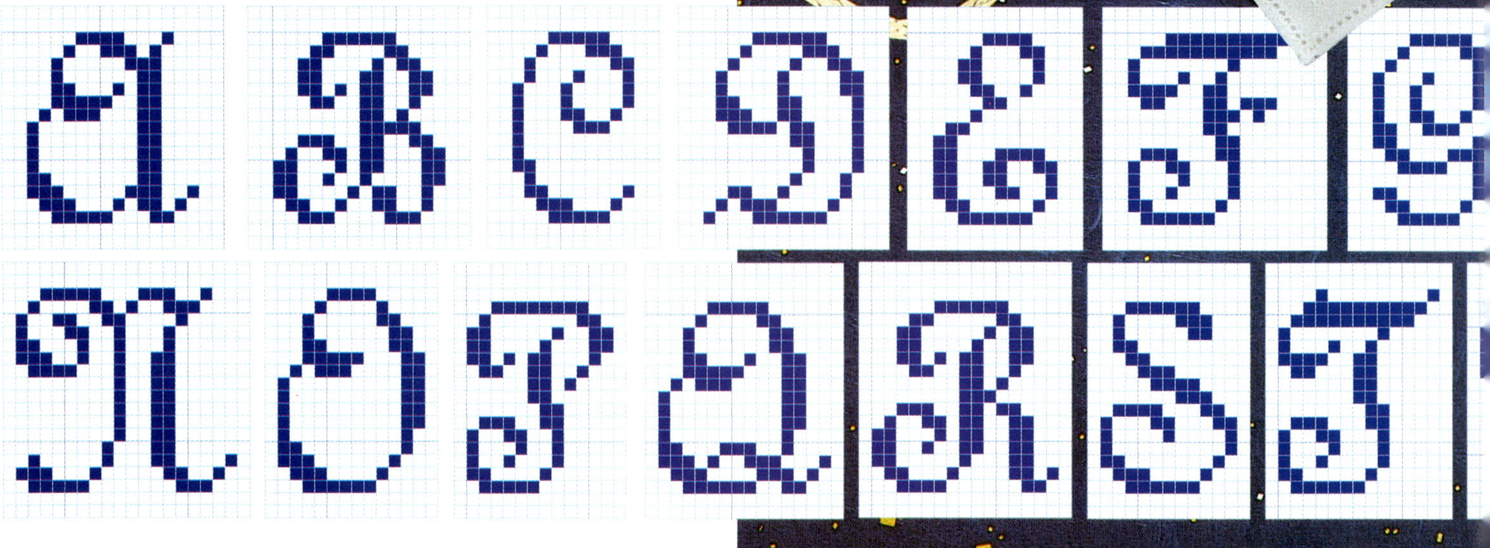

Wenn Ihnen moderne Buchstaben besser zusagen, versuchen Sie die Alphabete von S. 30/31 oder S. 68/69. Statt der Initialen können Taschentüchern auch mit anderen kleinen Motiven bestickt werden.

SCHMETTERLING

ERDBEERE

EIS

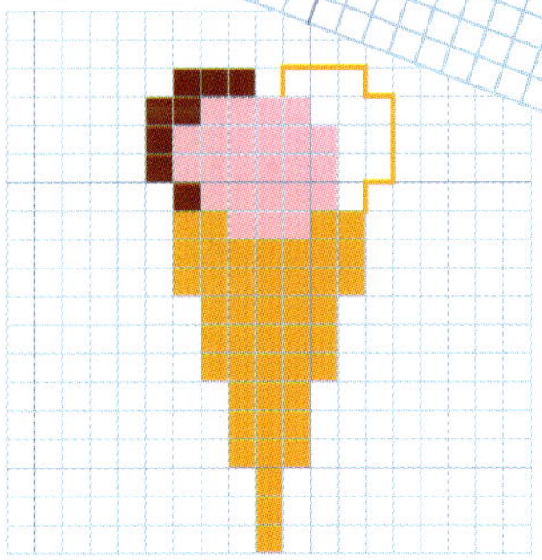

DIE KLEINEN MOTIVE STAMMEN VON S. 30/31 BZW. S. 95

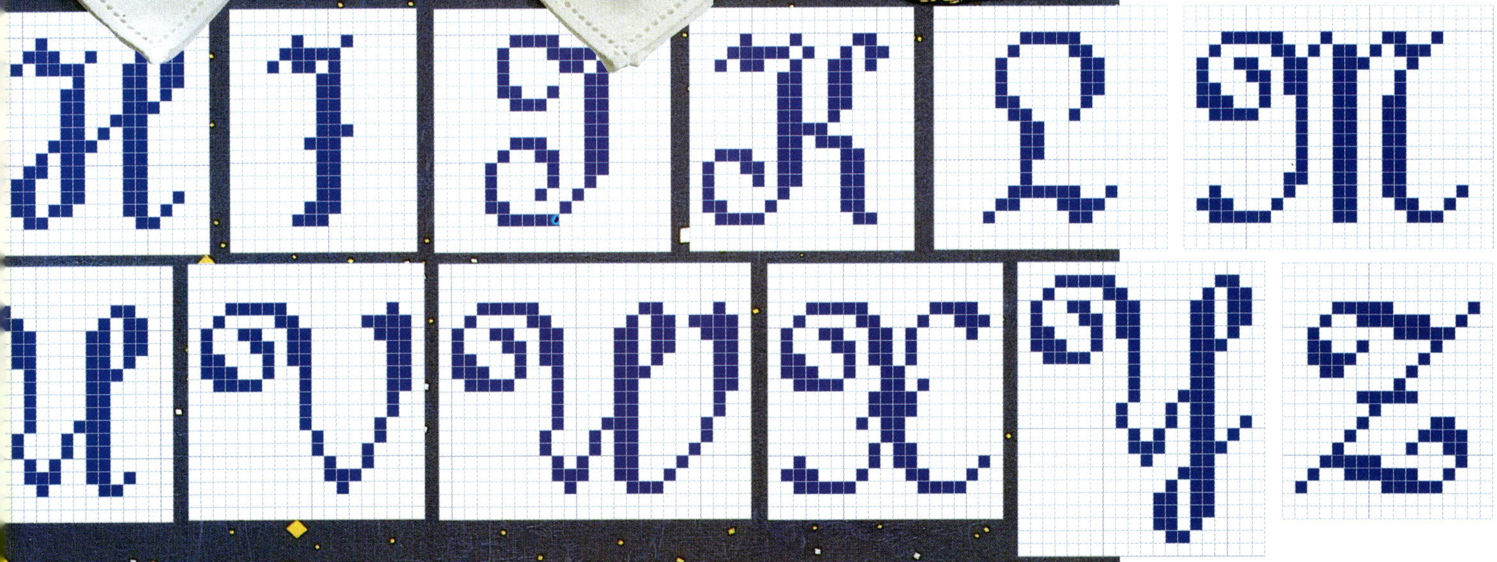

Schmuckstücke

MATERIAL

Reste von weißem Aidastoff (3 bzw. 4 Gewebebündel auf 1 cm)

Je 1 Strang DMC-Sticktwist in: Gelbgrün 704, Grün 907, Pink 3804, Pink 3606, Grün 3816, Ockergelb 3821, Pfirsichfarben 3824

Sticknadel Größe 24

Vorgefertigte Schmuckstücke wie Anhänger, Ohrringe und Broschen mit silbernem Rahmen

Schwarzer Filzstift mit feiner Spitze

VORBEREITUNGEN

1. *Legen Sie den Stoff auf eine harte Unterlage.*

2. *Nehmen Sie die Plastikscheibe aus einem Schmuckstück und umfahren Sie sie auf dem Stoff mit dem Filzstift. Die Linie wird später ausgeschnitten.*

STICKEN

Gestalten Sie die Stoffstücke mit Kreuzstichen. Anregungen gibt das große Foto. Details werden in einfachen Stichen gestickt. Die Vorlage unten gibt mehrere Farbvarianten für ein Muster.

FARBTABELLE FÜR DAS BLUMENMUSTER

GRÜN	GELBGRÜN	GRÜN	PINK	PFIRSICHFARBEN
3816	704	907	3806	3824

PINK	OCKERGELB
3804	3821

Sticken Sie jeweils von der Mitte aus bis zur Randlinie. Jedes farbige Kästchen der Vorlage entspricht einem Kreuzstich über ein Gewebebündel. Das Stickgarn wird beim feineren Stoff in 3 Fäden gespalten, beim dickeren in 6 Fäden.

FERTIGSTELLUNG

1. *Bügeln Sie die fertige Stickerei vorsichtig von der Rückseite auf einer weichen Unterlage.*

2. *Schneiden Sie die Teile entlang der vorgezeichneten Linien aus dem Stoff und spannen Sie sie nach Herstelleranweisung in die Schmuckstücke ein.*

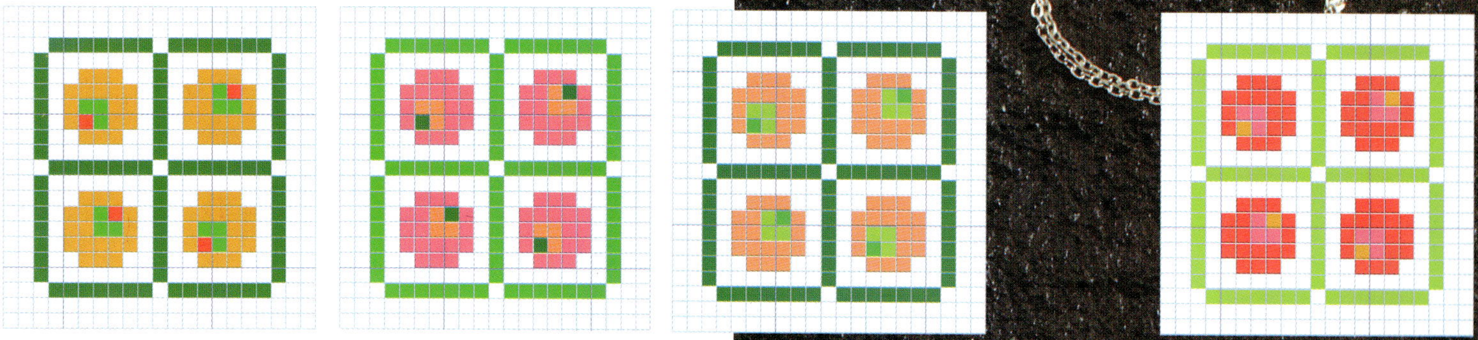

BLUMENMUSTER FÜR KLEINE SCHMUCKTEILE

Sie sehen hier wenige Grundmotive jeweils in unterschiedlichen Farbzusammenstellungen ausgeführt. Die Wirkung ist immer wieder anders. Die winzigen Stoffstücke werden nicht in den Stickrahmen gespannt, sondern direkt in der Hand gestickt. Vorgefertigte Schmuckteile zum Einspannen des Stoffes gibt es in vielen Variationen.

Seidenbeutel

MATERIAL

Grüner Aidastoff (4 Fadenbündel auf 1 cm), 20 x 30 cm

Je 1 Strang DMC-Sticktwist in: Blaßrosa 605, Hellresedagrün 959, Blau 995, Türkis 996, Dunkelgrau 3799, Braun 3803, Pink 3805, Grün 3812, Grün 3815, Grün 3818, Goldgelb 3826, Goldgelb 3828, Braun 3830

Sticknadel Größe 24

Sticknadel mit Spitze Größe 9

Kleiner Stickrahmen

Helles Heftgarn

Zum Stoff passendes Nähgarn

Steck- und Nähnadeln

Kleine Goldperlen

Dunkelgrüner Seidenstoff, 2 x je 26 x 35 cm

Goldene Kordel mit 2 passenden Quasten

Haftvlies (Vliesofix)

Häkelnadel

Der elegante Seidenbeutel läßt sich durch Ziehen der Kordel öffnen und schließen. Die Kanten des aufgenähten Stoffes sind zusätzlich mit winzigen Goldperlen verziert.

FARBTABELLE FÜR DAS ABENDTÄSCHCHEN

GOLDGELB	3828
GOLDGELB	3826
BRAUN	3830
GRÜN	3812
GRÜN	3815
GRÜN	3818
BLASSROSA	605
PINK	3805
BRAUN	3803
HELLRESEDA-GRÜN	959
TÜRKIS	996
BLAU	995
DUNKELGRAU	3799

STICKEN

Markieren Sie auf dem Aidastoff mit einer Reihe waagrechter und senkrechter Heftstiche die Stoffmitte. Kennzeichnen Sie die Mitte der Vorlage mit Bleistift. Spannen Sie den Stoff in den Stickrahmen ein (S. 13). Arbeiten Sie das Muster von der Mitte aus nach. Für die Kreuzstiche wird in 3 Fäden gespaltenes Garn verwendet. Jedes farbige Kästchen der Vorlage bedeutet einen kompletten Kreuzstich über ein Gewebebündel des Aidastoffes. Wenn alle Kreuzstiche gestickt sind, ergänzen Sie die Details und Umrandungen in einfachen Stichen (S. 12). Jeder Stich reicht über ein Gewebebündel.

TRÄNENMUSTER

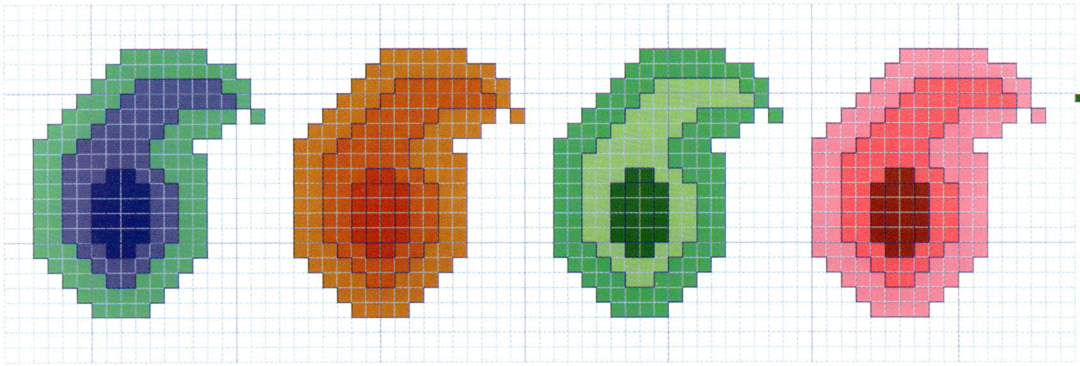

Das Tränenmuster sieht auf dem Seidenbeutel einfach klasse aus. Aber auch andere Dinge, wie z. B. Kleidung, Hemdkrägen, T-Shirts und Flicken für eine Jeans, können Sie damit wunderbar gestalten.

FERTIGSTELLUNG DER STICKEREI

1. Bügeln Sie den bestickten Stoff auf einer weichen Unterlage von der Rückseite. Bügeln Sie anschließend genau nach Herstelleranweisung ein Stück Vliesofix auf die Rückseite des bestickten Stoffes. Schneiden Sie den Stoff rundum gerade ab, so daß 6 unbestickte Fadenreihen an jeder Kante übrig bleiben.

2. Ziehen Sie das Papier vom Vliesofix und legen Sie die Stickerei etwa 8 cm von der Unterkante entfernt auf eines der Stoffstücke. Bügeln Sie die beiden Stoffe nach Herstelleranweisung aufeinander – entweder mit einem Dampfbügeleisen oder mit einem feuchten Tuch auf der Stoffschicht.

3. Umsäumen Sie den Aidastoff (die Nadel geht durch beide Stoffschichten) mit dunkelgrünem Stickgarn. Die Knopflochstiche (S. 12) sind 2 Kästchen hoch. Das Garn ist in 2 Fäden gespalten. Mit dem gleichen Garn nähen Sie die Perlen in einer Reihe rund um den Rand auf. Die Perlenreihe liegt 2 Gewebebündel vom Stoffrand entfernt.

FERTIGSTELLUNG DES BEUTELS

1. Stecken Sie die beiden Seidenstücke mit den Vorderseiten aufeinander. Nähen Sie mit der Maschine Seiten und Unterkanten zusammen. Etwa 1,5 cm Saum lassen. Die obersten 13 cm der beiden Seiten bleiben noch offen. Schneiden Sie die Säume an den Ecken ein und wenden Sie den Beutel.

2. Bügeln Sie den Stoff vorsichtig, so daß sich die Saumkante an den Seiten bis oben fortsetzt. Schlagen Sie die Oberkanten jeweils mit 1,5 cm Saum nach innen und bügeln Sie die Kante ebenfalls. Schlagen Sie den Stoff nochmals um, so daß die Kanten bis zum oberen Nahtende der Seitennähte reichen. Heften Sie die Kanten und nähen Sie sie anschließend mit der Maschine nach. Nähen Sie 2 cm oberhalb der unteren Naht eine zweite, so daß sich ein Durchzugskanal für die Kordel ergibt.

3. Führen Sie zwei Kordeln rundum durch den „Kanal", so daß die Enden der einen nach rechts, die der anderen nach links zeigen. Sie sollen an beiden Enden jeweils etwa 15 cm länger als der Durchzug sein. Befestigen Sie die Quasten mit festen Stichen an den Kordeln, so daß eine nach rechts und eine nach links hängt.

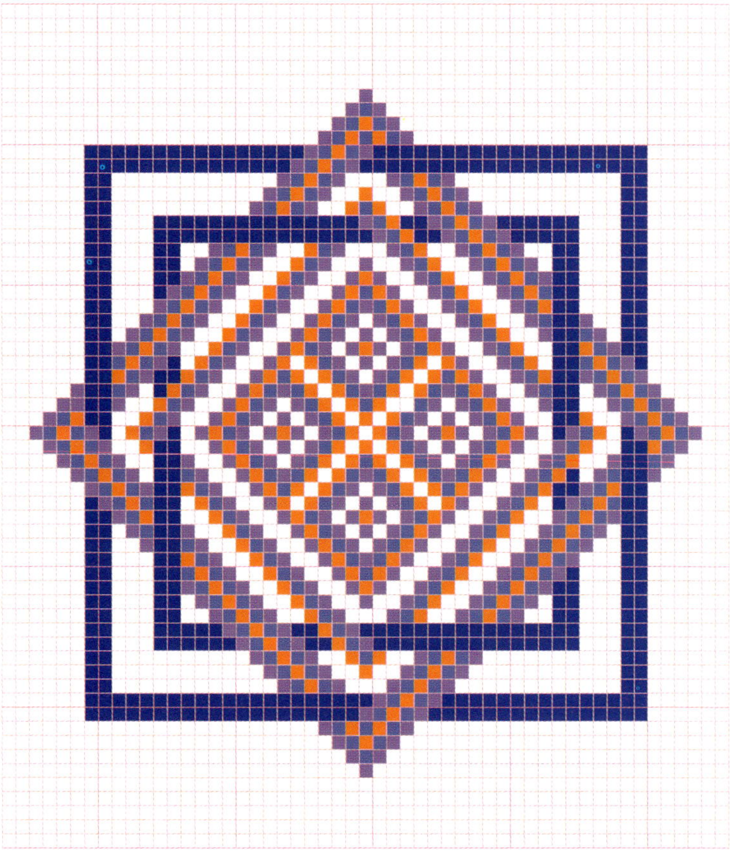

VERSCHLUNGENE QUADRATE

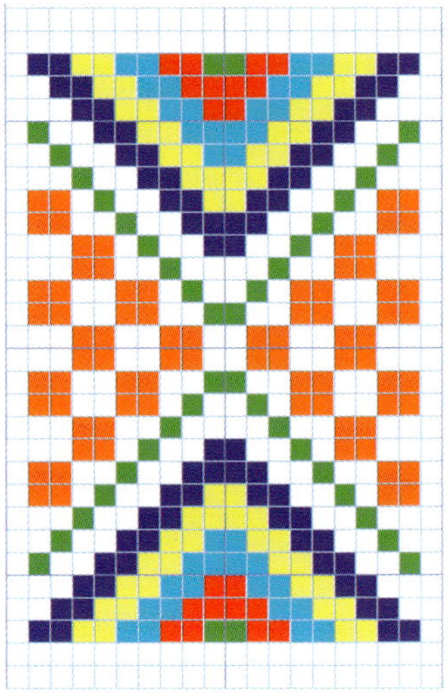

KÄSTCHENMUSTER

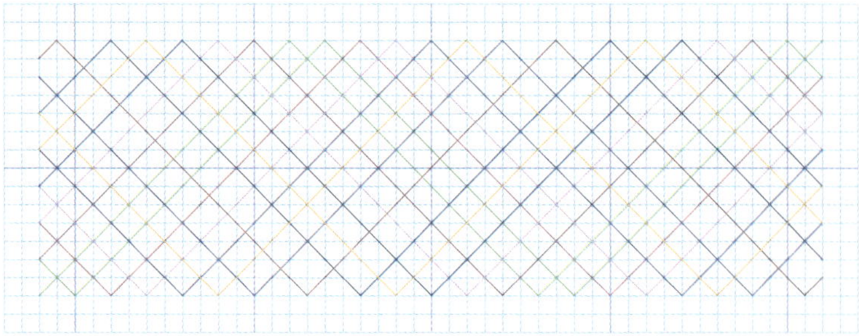

KALEIDOSKOP

BUNTER TEPPICH

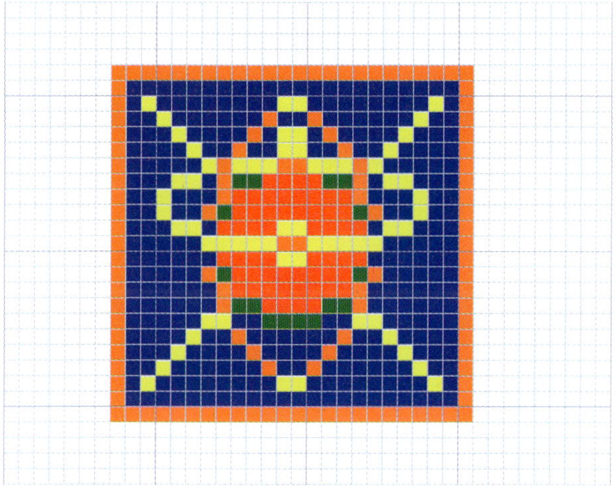

WOMBAT

PHANTASIEMUSTER

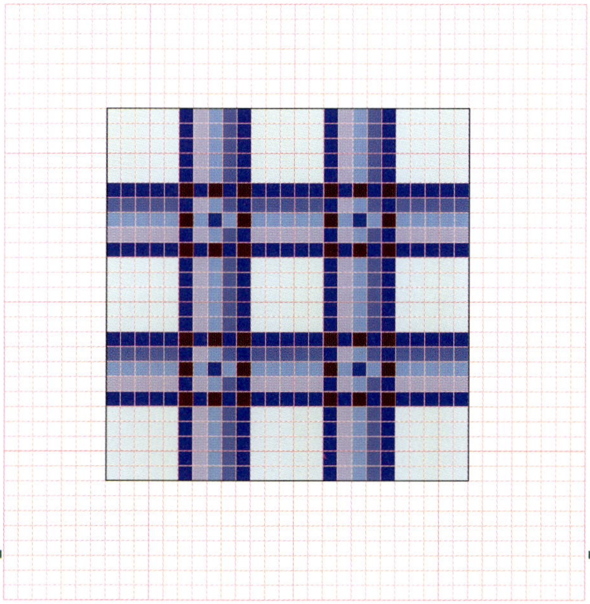

KAROMUSTER

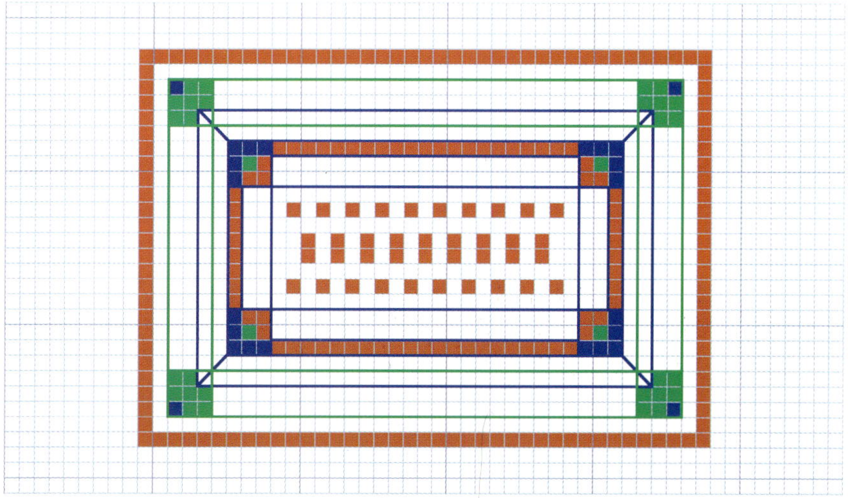

HIGH TECH

DANKSAGUNG

Verlag und Autorin bedanken sich bei folgenden Personen und Stellen:

Cara Ackerman, Gavin Gry, Sarah Gray, Lesley Harmer, Bea Neilson, Helen Stuttle
DMC Creative World Ltd., Wigston, Leicestershire
Coats Patons Crafts, Darlington
Readycut Craft Collection
Macleod Craft Marketing, Bridge of Weir
Framecraft, Birmingham
Panda Ribbons
Siesta Interlocking Frames, Ferndown
Nigel Benson
Ian und Martin Lawson-Smith
Coats GmbH Nähgarne, Handarbeitsgarne, Reißverschlüsse, Kenzingen
Crafts Beautiful für die Überlassung der Muster auf den Seiten 18/19, 56/57, 66/67
Classic Stitches für die Überlassung der Muster auf Seite 84/85